周越然 zhou yueran 作品系列

婚育续编

marriage

周越然 / 著

陈子善　王稼句 / 策划

金小明 / 编

北方文艺出版社

周越然的书

陈子善

日前在深圳见到一位收藏界后起之秀，他出示一份所藏清代以降藏书家手札目录，自朱彝尊起，至黄永年止，名家汇集，洋洋大观。但笔者发现其中有个重要的遗漏，周越然并不包括在内。应该指出的是，周越然墨迹存世很少，也是不争的事实。

余生也晚，知道周越然的名字已在1980年代后期了。那时为搜寻张爱玲作品，查阅1940年代上海的《杂志》《风雨谈》《古今》《天地》等文学和文史掌故杂志，经常见到周越然的妙文。后来又在旧书摊上淘到周越然的《书书书》《六十回忆》等著作，始知周越然并非藉藉无名，等闲之辈。然而，我们已经把他遗忘得很久了。

周越然(1885—1962)原名文彦，又名复盦，浙江吴兴(今湖州)人，藏书家、编译家、散文家和性学家。他是清光绪三十年（1904年）的秀才，又是南社社员。曾执教江苏高等学堂、安徽高等学校和上海中国公学等校，是严复弟子，为辜鸿铭所赏识，戴季陶则向他从过学。他精通英语，1915年起任职商务印书馆编译所英文部近二十年之久，编译各类英语教科书和参考书籍三十多种，尤以《英语模范读本》销数最大，几乎垄断当时全国的中学语文课本。他1940年代专事写作。1950年代先后在上海水产学院教授英语和从事图书馆工作。

根据现有资料可知，周越然生前出版了《书书书》(1944年5月上海中华日报社初版）《六十回忆》（1944年12月上海太平书局初版）和《版本与书籍》（1945年8月上海知行出版社初版）三种谈书的书，《情性故事集》（1936年7月上海天马书店初版），《性知性识》（1936年7月上海天马书店初版）二种谈性的书。虽然还不能说周越然已经著作等身，但如果说他著述甚丰，影响不小，却是完全符合史实的。

由此也可见，周越然是早该进入文学史的人物。1980年5月台北成文出版社出版的刘心皇著《抗战时期沦陷区文学史》里就出现了周越然的名字，称其“藏书有外国古本，中国宋元明版，中外绝版三种。数量之多，更是惊人。”这大概是文学史著作首次写到周越然。1995年2月上海人民出版社出版的陈青生著《抗战时期的上海文学》里也写到周越然，特别对周越然的散文给予颇高的评价。此书论及上海沦陷时期的“清谈风”与“怀旧热”散文时，给周越然以相当的篇幅，认为周越然的“书话”“专谈古书版本流变及伪赝‘古书’的识别，举证周详，论列精细”，而周越然“将有关‘书’的广博见识，用半文半白、亦庄亦谐的文笔写出”，“在中国古今同类散文小品中，显示出承前启后的独特个性。”至于周越然的“忆旧散文”，也自有其风格，“没有严密的秩序，忆及即写，散漫随意”，“下笔也比较自由，叙已述人或谈事载言，虽未必确切周到，却不失真实生动。”这是内地文学史著作写到周越然之始，都不能不提。

自1990年代中期起，随着内地出版界思想的解放，选题的多样，重印周越然著述逐渐付之实施。据笔者粗略统计，已经出版的周越然著述有如下七种：

《书与回忆》（1996年9月辽宁教育出版社初版）《言言斋书话》（徐雁等编，1998年9月陕西师范大学出版社初版），《周越然书话》（陈子善编，1999年3月浙江人民出版社初版），《言言斋古籍丛谈》（周炳辉编，2000年2月辽宁教育出版社初版），《言言斋西书丛谈》（周炳辉编，2003年3月广西师范大学出版社初版），《夹竹桃集：周越然集外文》（金小明、周炳辉编，2013年3月中央编译出版社初版）。

这些周越然作品集当然各具特色，对传播周越然其人其文所起的作用自不待言。但是，除了集外文的发掘整理，它们大都是重新编排的选本，而非周越然著作的初版原貌。这是一个明显的不足，因为读者无法从中得见周越然自己编定的集子，也即无法品尝周越然作品集的原汁原味，不少读者对此深以为憾。

从这个意义讲，北方文艺出版社此次新版《周越然作品系列》，首批印行周越然生前编定的五种作品集，就令人大为惊喜了。不但周越然脍炙人口的《书书书》《六十回忆》《版本与书籍》三种据初版本重印，《性情故事集》和《性知性识》两种生动有趣的性学小品集更是 1949 年以后首次与读者见面，极为难得。此后还将陆续印行《修身小集》《文史杂录》《旧籍丛话》等周越然集外文辑。“文字飘零谁为拾？”这部真正是原汁原味的《周越然作品系列》的问世，正好较为圆满地回答了百岁老人周退密先生当年的诘问，也必将对周越然研究有所推动。

也许因为笔者以前编过《周越然书话》，王稼句兄不弃，嘱为北方文艺出版社这部颇具新意的《周越然作品系列》写几句感言，拉拉杂杂写了以上这些话，聊以塞责，不当之处，谨请高明指教。

丙申初冬于海上梅川书舍

目 录

客僧奴佛

十八世纪，有生于意大利之温泥洗[①]城，名客僧奴佛（Casanova）者，先习传教士，不久即为外交官，其所接近者，皆巨室也；其所游历者，皆名城也。欧陆史中，此人声誉实上卢梭之上，其一生经历，曾作自传，题曰：《客僧奴佛之满幕》，“满幕”，法语译音，即自传也。

《满幕》英译本有现代丛书及蓝带丛刊两种，然皆割裂删节，非真本也。真也秘事太多，不便行世。四五年前，美国某社以原本中最香艳之一部分译成英语，分登于某私行之杂志中，余曾购得全份，今已失之矣。惟其有一经验，颇多兴味，阅后深入吾脑中而不能忘，兹特以汉文写其大要，以供好读西洋故事者之阅读。

一日，客僧奴佛与友人之妻同乘马车回家，友居乡间。途中忽逢阵雨，友妻最畏雷电，立时现露昏晕之状。彼以大衣遮于车前，乃拥女子而言曰：“不要怕，不要怕。有我在，能保护。”同时彼在面部等处“开始”[②]，并索其所欲索者，

① 即威尼斯。

② 即接吻，kiss音译。

取其所欲取者。车抵家时，云散天青，二人互顾而笑。车价言定一元，付与时，车夫颇不满意，后给十元始去。车前虽有遮蔽物，而车夫实已知之矣。

客十二岁时，在女子之前，面部发赤，坐立不安，盖已知所谓恋爱矣。后改教官居为文官，在某城发现一女扮男装之演员，其事亦甚趣，惜原本不在，不能节译。原本黑纸面精印，每册定价五金元，闻现已绝版。

（乖乖注：海上爱多亚路[①]之间，有著名之西人跳舞场，厥名曰“客僧奴佛”，屋顶以电炬缀英文字母，远近皆瞻。初不知其命名所由来，今读此篇，方知端的。婆娑与舞者，倘亦读此互顾而一笑欤。）

原载一九三三年七月十三日《晶报》

① 今上海延安东路，曾名Avenue Edward Ⅶ。

法外离婚

现今文明国国法，离婚之主要条件有四：曰奸淫、曰遗弃、曰虐待、曰不供给。本篇所言，非法律，风俗也，故曰“法外离婚”。

古时有出妻而无离婚。希腊男子可于任何时地，以任何托辞，书一休书，令其妻离去。罗马人则更自由，男子不喜其妻，即成离之重要条件，法律并许其重娶。

出妻之俗有更奇者。南太平洋中友朋岛（亦称东卡岛）男子，随时可使其妻离去，绝无所谓离婚可谈也。美洲西北接近俄国亚拉司加州土人，可将其心所不欲之妻，向他人掉换衣食。北极人不欲其妻，则自己移居于别一冰屋（土名“雨盖庐”，Igloo），待过相当之时间后，当地之人，视为夫妻关系已经解除，即以他女嫁之。

非洲埃及国有一古怪之习惯：凡男子既出其妻，不许重行收回，惟妻再醮而又被出者，则不在此例。是故欲娶回原妻之未再醮者，往往暗中买通穷汉，先与其妻结合，再遗弃之，以完成一种手续，而破镜得重圆也。

美洲土人以出妻为莫大之羞辱，故夫妇分离之事，绝不发生。七世纪前，英人出妻之条，据博学者言，其数凡十：曰无出、日残废、曰愚鲁、曰淫荡、曰奢侈、曰无礼、曰好酒、曰贪食、曰多言、曰争辩，今已不行矣。争辩、无礼，今日已成各国家庭中之常事，岂得目之为出妻条件乎？吾国有七出，似较十出合理。

原载一九三三年八月二日《晶报》

结婚纪念

西俗，结婚一周谓之纸婚；七十五周，谓之钻婚。夫妇感情不恶而衣食住行之外有余者，遇之必邀亲朋张筵席以作纪念。五十周之金婚尤为人所重视。余年四十九，娶妻已廿五足年，今拟举行银婚纪念，非崇尚西礼，实好新奇、学摩登也。惟结婚之日已忘，问之内人，亦不能答，可笑可笑。闻友朋中有好为此种热闹者，故作纪念表，供其参考，他日有笺约我作陪，可托《晶报》馆转交。

原名	译名	年数
The Paper Wedding	纸婚	一年
The Wooden Wedding	木婚	五年
The Tin Wedding	锡婚	十年
The Leather Wedding	皮婚	十二年
The Crystal Wedding	晶婚	十五年
The China Wedding	磁婚	二十年
The Silver Wedding	银婚	廿五年

原名	译名	年数
The Ivory Wedding	牙婚	三十年
The Woolen Wedding	绒婚	四十年
The Silk Wedding	绸婚	四十五年
The Golden Wedding	金婚	五十年
The Diamond Wedding	钻婚	七十五年

原载一九三三年八月五日《晶报》

自作自受

史德芬，佛国[①]南部培安城之包镇人也，以售药为业，设小肆于家中。妻贤而且俭，貌亦美丽，惟德芬性好试探，除尝药味以增长其职业上之智识外，又喜查验妇女，以完成其比较上之才能。其妻气愤之至，然亦无可如何。

某日，一少妇上门购药，史妻隐匿于柜后，意欲闻其夫对彼作何语也。少妇曰："药师，我是世间最不幸之女子，我爱吾夫，而吾夫不爱我；我顺从吾夫，侍奉吾夫惟恐不周，而彼则全然不理，我之精力皆虚耗矣。最痛心者，吾夫不爱我，而爱同镇最丑陋、最污浊、最恶毒之妇人。药师，贵铺中有可治吾夫之病之药否？师如愿助我，我终身不敢忘师之恩德也。"

德芬曰："有，有，我有妙药，其名曰膨胀粉，若每晚使君之丈夫和汤饮之，君必得享受大欢乐也。惟分量不宜过多，多则无益。"

少妇购办数服，付款道谢而去。

① 即法国。

德芬之妻藏身柜后，闻医夫有药，心甚快乐，暗记其夫之粉瓶，待无人时窃取杂之晚餐之菜中。不料分量过大，其夫食之，立时兴发。初尚以为常事也，即与其妻取乐，后愈弄愈僵，全身似被火焚，无可收拾，始问其妻曰："今晚之菜，是否自制？用何香料？速速告我。"妻曰："并非香料。晨间汝售剩之膨胀粉，我已全数和入菜中矣。"德芬曰："天乎！我真自作孽，自受罪矣。"

（本篇节译欧西名著。）

原载一九三三年十月二十一日《晶报》

纸婚考

结婚纪念，为现今西人所公认者，一周[①]曰纸婚，五周曰木婚，十周曰锡婚，十二周曰皮婚，十五周曰晶婚，二十周曰磁婚，廿五周曰银婚，卅周曰牙婚，四十周曰绒婚，四十五周曰绸婚，五十周曰金婚，六十周或七十五周曰钻婚。去岁八月五日本《晶》有“走火”[②]所作之中西对照表。

本《晶》本月二十九日《王氏银婚霏屑》篇谓别一表中有“棉婚”之名，此下走[③]所不知也。又“二年方是纸婚”则亦非通行者。一周纪念所以称之为纸婚者，因亲友所赠礼品皆纸制也。其他各种纪念之名称，均有取义，他日有暇，当再详述。

原载一九三四年一月三十一日《晶报》

① 本文中所称“周”，均特指周年。

②③ “走火”“下走”均周越然笔名。

恋爱十问

意大利人鲍概觉[①]（Boccaccio）者，大文家也。其所著之《待客美论》为欧洲名作，去岁曾于本《晶》介绍之，鲍又有《恋爱问题》一书，其传虽不及《待客美论》之广，然亦富有兴味。兹将各问之大意，翻译如后：

（一）一女子有二恋人，一日同时来谒，欲其表示究爱何人。女子先将一人所戴之花冠取下戴于自己之首，又将自己所戴者，戴于其他一人之首。问女子究爱何人。

（二）三男同时爱一少女。一有勇敢者，一好礼貌者，一多智慧者。问少女应择何人而专爱之。

（三）一男子求而不得情妇之宠，另一男子已得其宠而心怀妒意。问此二男子孰乐。

（四）二少女悦一青年，不知彼较爱何人。一日二女同遇青年，一女拥抱之，开始（kiss）之；另

① 今通译薄迦丘。

一女则面现赤色，似有不敢前进接近之状。问二女之爱孰大。

（五）一男同时爱二女，且爱之程度相等。一女贫穷，一女富贵。问男子应专爱何人。

（六）男子应爱处女乎，寡妇乎，或已婚之少妇乎。

（七）一美妇为二武士所爱，后被丈夫控告，审实有罪，判定受焚毙之刑。惟法官见彼年少，为彼开一生路，谓二武士若能认定正反两面比力，正胜则释妇，反胜则杀妇。二武士果来比赛，认反者佯败，妇得不死。问妇应爱何一武士。

（八）男子以得常见其姘妇为乐乎，抑以不能遇见，只能思想为较乐乎。

（九）一女子爱一少年，少年犯法，行将远戍；另一女已嫁，惟无恋人。问二女孰乐。

（十）某人之妻，与其情人同时失踪，亲属均疑其逃亡也。后妇人归来，丈夫始知被他人活埋于坟墓中，经其情人觉察，取出还之本夫，身体全无损害。问情人之诚，与丈夫之幸，二者孰大。

原书一百卅余页，共十三问，每问有答；内三问无大趣味，故不译录于此。原书有图，尚精美。上列十问，想本

《晶》同志均能自作答语。有不能者，可读原书。

原载一九三四年二月十九日《晶报》

性之实践

西洋将出一种奇书，题名曰《怪异之性欲实践》(*Strange Sexual Practises*)，现正发行预约，专售与成年之人，作者为鲍乐奇（Bloch）博士。余已向外洋定购，大约一月后即可到申。此书上自古文，下至小说，凡涉及实践之奇者，无不采入。内有数章，注重同性之好，以及药品等，并附有精图，待其到后，当择相当者翻译，以实本《晶》。兹先择草目中数题译之如下：

一、爱之精彩，二、野蛮人之交接，三、刺激工具，四、阉人与宫女，五、中国不合法之爱，六、日本之性罪，七、德国之希腊爱，八、非洲妇女之性欲互满，九、北极之男僮媵，十、二十世纪之士兵罪恶，十一、印妇之六十四术，十二、科学与快乐，十三、摩登恋爱之诸状，十四、教狂与意僻，十五、情与魔术，十六、巫士之爱剂，十七、天阉与石女，十八、鸦片与同性爱，十九、东方“中性”者之罪恶，二十、妓之教人。

依此观之，此书实可以“性艺大全”称之，惟书尚未到，不敢言其优劣也。

原载一九三四年八月二十七日《晶报》

性欲与相思

顷阅九月二十九日某日报，内载新闻一则云："周越然近来好攻版本学，对于中外古籍中关于描写性欲之书籍，搜罗尤富，将来如有性学图书馆创立，彼为主任，备极适当"云。下走对于此条，略有意见，兹特写出如下：

（一）下走现年五十，自三十二岁起即从事购买古书，至今几二十年矣，"好攻版本学"实非"近来"事也。

（二）描写性欲之书，下走购藏者本不甚多，"一·二八"难中几乎全数被焚；留存诸种，不成门类，已赠送相当之友人矣。

（三）下走最喜购买传奇，现藏者几二百种（元人百种，《六十种曲》等均作一种计算）。笠翁云"十种传奇九相思"，相思颇近性欲，谓下走富藏性欲书籍者，其传奇、杂剧之误乎？

（四）性学图书馆，百年以内绝不能成立；能成立时，下走之骨想已成灰矣，故"主任"一职，余敢预辞。

某报中此类新闻，无非向可怜人如下走者开一玩笑，然内地“老实人”阅之，必信以为真，因之发生不可思议之结果，亦未可知，故特书此以声明之。

原载一九三四年十月六日《晶报》

奇形怪状

“奇形怪状”四字，本含恶意，但余所欲表达者，并不在此，而在称善一新出之西书也。

此西书之名，若直译之当为《女性形体之美》，本埠某大印书馆西书柜及其支店均有出售，价极公道（三先令半，合二元八角）。书内含裸体图四十又八，如躯干之组织，股部之发展，胸部之变化等等是也。各图均有说明，极便初学。

本书各图确系生人照相，美而不猥。从前研究裸体美者，大都注重油画，今照相之术已精，藉以摄取人影似较画更切实也。

本书序言第一段云：“自古至今，人形为艺术之基础，以其为最高之美也。”

原载一九三四年十二月二十三日《晶报》

“安息耐性”

西文中“安息耐性”（assignation）一名，即“指定地点”之意，包含二义：一关恋爱，一关军事；前者可译“约会之处”，后者可译“派遣之地”。除此之外，尚有分配、支配、让渡等义，则非本篇所及。本篇所言者，约会与派遣也。

匈加利[1]国某军队驻扎意大利戈漠湖时，其少校遇一名门之女而悦爱之。邑中娇美者甚多，少校所以好此而不好彼者。因其志不在玩养异性，而在正式结婚也。女知其诚，而亦深敬之，惟其家长督察极严，从不许二人独坐闲谈，虽在跳舞时亦远远有人监视也。

家属之查察愈密，二人之感情愈增，且渐入危境矣。女之父母知之，即为其女择同邑某少年为配，盖彼等素来轻视流浪生活之军人也。女心不愿，然亦不敢公然反抗，惟有默思所以报复之法。结婚之前夕，女致少校一信云：“今夜见窗外悬白巾后，乞来妹室中。兄武人，想不难爬而至也。妹之所以为此者，愿将女子唯一之宝供兄耳。”

① 即匈牙利。

此私约也，密会也，“安息耐性”之第一义也。

同时，少校又接得总部命令云：“限立时立刻开拔全队赶赴热拿亚城，不误。”

此派遣也，“安息耐性”之第二义也。

赴约乎，时尚早也；拔队乎，时已至矣。是时少校之心，真忐忑不定之至矣。数分钟后，少校自言自语曰：“赴约，个人私事也；拔队，国家大事也。军人天职在公而不在私。”遂发令开拔而去，而少校即于次晨之战争中以身报国，红十字会将其冷尸载回戈漠河时，女之白巾尚悬于窗外也。闲史氏曰：“赴幽会者，破坏处女之贞操也；赴前敌者，保卫国家之领土也。少校同时接受二种‘安息耐性’，盖欲彼同时成就二种善行也。”

原载一九三四年十二月二十五日《晶报》

征求古籍

传闻百年前，佛国有名著四种。题曰：（一）《萧世鼎》（*Justine*），（二）《萧莲德》（*Juliette*），（三）《闺房哲学》（*Philosophie Dans le Boudoir*），（四）《恋爱之罪》（*Les Crimes de L'amour*）者，皆已因禁绝版，欧美图书馆亦罕有其书，未知然否。（一）、（二）两种为小说，（三）、（四）两种为原理，均言情之书也，作者名萨德（Sade），生于一七四〇年，卒于一八一四年，人皆称彼为色情狂者。色情狂分两类，一由萨德发明，以强暴为宗旨，名曰萨德主义；一由麦沙（Masoch）发明，以柔顺为宗旨，名曰麦沙主义。麦沙系奥国小说家，生于一八三六年，卒于一八九五年，其所著书，世亦罕见。

柔顺适为强暴之反，皆性之变态，非中庸之道也。吾国性事，大概偏重柔顺而不主张强暴。艳异小说如《金瓶梅》《弁而钗》等，虽间述强暴之举，然总不及柔顺之事之多也。萨氏之书，专言强权必能动人，惜未见过。世有得其书者，或读过其提要者，务乞赐教。

萨德，佛国伯爵也，十四岁即入军队，身经大战多次；

归国后，因狂于一七七二年被判死刑，次年逃往义国[①]，旋又被拘。彼所著书，皆在狱中时为之。一七八九年，移入疯人院，至一七九〇年，医生断定不可治，发还监狱。

原载一九三五年三月一日《晶报》

① 即意大利。

乌 炭

乌炭者，意谓泥哥与亲生女通奸，即俗所谓“爬炭”，非燃料也。黑族文化固低，然颇知礼仪，如中表不联姻、成年兄弟姐妹分室而卧。即此两事，已足见其决无乱伦之事之发生矣。下译故事，意在劝善，阅者万不可作实事看待：

乌族野人某，不知耕牧，一家生活全恃其游猎所获。妻年老无能为，女美丽，野人恋之，是故长大后不为之举行割膜礼，恐有人来求婚也。

一日，野人入山打猎，得一鹿，撕食少许，将余剩者悬之树间。归家语其妻曰：“今日天不佑我，一无所得。”次日上山，又得一鹿，除自食者外，仍悬之树上，归家又谓其妻曰：“今日天不佑我，一无所得。”如是者十日，其妻与女几饿死矣。妻哭泣而言曰：“速去卜筮，如何而后可以获得猎品？”野人称善其意，随即出门，未几归来，佯言已遇巫士，谓非与亲生女同床不可。老妇曰：“若然，易矣，余今晚避居邻家，汝可照巫者之意行之。一家衣食所在，不可忽也。”

次晨，老妇归家，野人曰：“我从前以为上天聪明，用种种不同之法，造种种不同之人，其实不然，吾女与汝，年岁有别，实则一也。”

黑族民间传说，多不猥亵。上述者字面微浊，但意在戒色，不在诲淫。乌男乌女，必先受割礼而后婚嫁。割礼，西名“修根洗性”（Circumcision）。泥哥（Negro），即黑人之译音。

原载一九三五年五月二日《晶报》

双　性

阴阳人，亦称二形人，又称雌雄人，西名“黑妈福禄台德”（hermaphrodite），由“黑迷司”（Hermes）与“阿福禄台梯”（Aphrodite）二字合成。“黑迷司”者，希腊男神也，为众神之传达者，又为道路、商业、发明、奸狡、盗窃之神；“阿福禄台梯”者，希腊女神，专司恋爱与美丽两事。此二神生一子，即以己名拼成一字而名之。后其子与水仙名“萨儿麦西施”（Salmacis）者在池中沐浴，忽然合为一体，具阴阳两性，故雌雄人以“黑妈福禄台德”称之。

“黑妈福禄台德”在西文中，乃一术名，日常会话中无人用之。西洋又有一字曰“疙搭卖的”（catamite）则指男性之两用人，即所谓“娈童”是也。

原载一九三五年五月六日《晶报》

黑夫黑妇

黑人夫妇者，即“泥哥”与“泥干事”[1]之已正式结婚者也。黑人无床铺，以牛皮覆地而睡于其上，夫妻分皮而卧，中隔一低土堆，其形似墙。本篇所述，晚间情景也。

黑人丈夫少眠意，黑人妻子亦然，但黑人无不傲者，夫不去就妇，妇亦非夫求不可，于是为夫者作咳声，一次即止，以表示其准备。妇闻之，即明其意，起身而发一尖利之“伊，伊”声，似云“我倦极了，要睡觉了，不要扰我”。然跨土堆而来矣。

此一咳嗽，此一起身，所包极广，忧患与快乐，天然与虚伪，玩耍与尊严，羞怯与热情，退让与自悟，世界一切情形，无不于此“剧”中演出之。此何剧乎？曰，依生理言，女性卑弱，势必依附；依心理言，女性优越，可以骄傲是也。

黑人地区少年男女不接吻，年长者行之，且湿而有声。黑之男女，懵乎吹嘬，且弗解啮臂之啮之义。

---

① 系Negro与Negress译音，即黑人男子与黑人妇女。

黑人爱浓之际，喜效比肩之戏，不采迭床架屋之游。妓有能工二十四番花信者，则皆得之西土也。

原载一九三五年五月十二日《晶报》

雌　暴

本《晶》本年三月一日《征求古籍》篇中，曾提及发明强暴主义之佛人名萨德（Sade）者。萨，男作家也，著书四种，现已失传。独国[①]有比丘尼名罗四维达（Roswitha）者，生于九三五年，卒于九七五年，亦抱强暴主义，其著作全系剧本，兹将书名翻译如后：

（一）《圣人康高夫》，此剧主旨，在取笑奸妇之本夫，辞多污浊。

（二）《拍拉古司圣人之烈情》，此剧以男色为主旨。

（三）《达施都司》，剧中言童贞女三人，被罗马士兵，当众之前，将其衣裤剥尽。

（四）《萨卞达》，剧中女主人翁名费得时者，裸体被打，四肢皆断，乳又割去。

罗氏著述，尚有其他杂剧及妓院故事等，目繁多，故不列入。

原载一九三五年五月十三日《晶报》

---

① 即德国。

黑人之手

黑人之手最洁，以其不触污物也。何谓污物？男女阴阳二物也。所以如此者，因彼等饭时不用叉筷，全赖五指运送。天帝既造手以侍头上之口，断不可再用之以触下部之物。是故，男子小便，蹲伏如女子，任自排泄，恐触污也。

男子无欲而欲自激之者，有时亦使用其手，然至蓬蓬者为止。为妇者于公毕后，常为其夫揩抹，唯必以叶以布，皮肤不接触也。

原载一九三五年五月十五日《晶报》

乌　力

世传乌男多力，饮酒食肉后，有夜搏三十度而不怠者，实则欺人之言也。乌亦人耳，再衰三竭，安得再接再厉乃耶？

据最确调查，彼族最高之数三，通常之数一，与他国人无异也。

昔乌人新娶一妇，美而贪，夫苦之，商诸医曰：“君有刀圭以助吾张目乎？”医笑曰：“有。”言毕赋以明矾少许，意在调之而已，而其人唱得宝歌去。数日后，此人又来，露齿大笑，似云医所与者已助其成功矣。但明矾实无任何特用，即此一端，已足见乌人喜作左氏之夸也。

乌人有因性力欠缺而自尽者。昔某地一妇向其夫高声责问曰：“我非你的姐妹，我又无错误，为什么我来了，你不睬我？”夫不言不语，数小时后，知彼已自缢矣。

原载一九三五年五月十七日《晶报》

阴穿阳服

凡在黑地工作之白人，虽有眷属随身，亦常与乌妇有染，因彼种面目全无阴阳之判，阴穿阳服行男仆事，白妇决不起疑也。

乌女最畏白妇，谓前者若与后者之夫通奸，必受枪击也。所以有此种流言者，亦非无因，试阅下述之故事即明：

昔年某阴国[①]人，姘识一乌色妇人，其妻略有所闻，但不甚明确。一日，谓其夫曰："我觉得身体不佳，拟往艾德麦城作短期的游历。"夫不知其伪也，允之，当晚召其情人来家。妻夜半归来，见夫旁卧一炭色者，即以手枪击毙之，移尸置之荒地上。夫一觉醒来，不见情人而获其妻之手书，遂外出寻尸。发见后，自毙其命于乌女之旁。

白人真爱乌女如上述者，世间罕有，盖今日种族皮色之见尚深，决无实行普爱主义者也。试观男女传教士来华数十年，而与吾国人通婚者绝少可以知矣。

原载一九三五年五月二十二日《晶报》

---

① 即英国。

乌女月事

乌人称有月事者为浊物，不准其烹煮食物，亦不准其以手触男子。已嫁之妇虽经多次恳求，决不与夫共皮而眠（乌人无床铺，睡于牛皮上，故云）。

乌女在月经期内，身穿不洁之衣，所以表示不便工作也。有因玩忽而将经水流至其所睡之皮上者，次日必以牛尿洗除之。乌女止制之法，不用纸棉而以树叶或塞或包，无定规也。乌男看中一女，而乌女不之喜者，必曰“我患（月）病”以推托之，此即我国“假骑马”之意。

世间女子，于经期之中每多异想而好欢乐，所以不明说者，风俗也。又恐衣被染色也。乌国巫医知此种心理，故常乘机引诱；又有谓经期中最易受孕，故乌女之欲得子者，常于期内与人方便，而自得方便也。

泥哥不食羂肉，“羂”亦称斑马，西名“洗不落”（Zebra）。所以不食者，因羂局部之形似人也。乌女曰：“苦马，要乏要乏，吮多。”（Kuma sawasawa mtu）意即羂阴似人也。即此已足见乌男之恨女性矣。

乌女月经之期极短，至多不过三天，期后以水洗涤。

原载一九三五年六月八日《晶报》

乌 医

乌医，兼行巫士之职，为全部落中之有权威者，不论男女长幼皆畏之，恐其暗中伤人也。乌医，本国语曰“阿儿，阿伯，更大”（Ar-ap Kenda）。

凡为乌医者皆文人也，然出门必带卫兵，其对人讲话，半为直言，半为谜语。譬如彼见一女而悦之，必曰：“某村中有一小鸟，吾意欲捕之。”手下人闻之即四出访寻，非达到目的不已。

乌医访得女子之家后，先使人通知家长，令其于某日预备酒筵，酒筵常自晨间十一时起至半夜后始止，所费极大。作陪者至少十人，散席后，乌医即得与看中之女同宿，此一定不易之风俗也。某次宴会时，乌医所欲之女因种种关系，当夜不能服役，但筵后无女子犹暴雨无雷电，跳舞无歌曲，非乌医所知，亦非乌医所许也。幸临时有一中年妇人，即与其夫同来陪饮者，自愿献身，不至破坏自古以来人人所谨守之大礼也。

乌医不与所好之女同睡，而临时改与自荐者行乐，固非常规，但其中另有一段历史，兹述之如后：

中年妇之目，发水晶之光，本一多情且美之女，而为乌医所中意者，且其自献之术巧妙异常。彼先托不能服务之女与尊客说明，且于众客未散之前已实行其事，故在“人不知，鬼不觉”中，医与妇二人皆心意满足矣，虽在座之夫亦不怀疑。然“不欲人知，除非莫为”，次日全村之人皆宣扬此事，而夫亦有所闻，但不之重责，因其妻实一忠而贞者，一时受愚，非有意使彼为龟也。

原载一九三五年六月九日《晶报》

黑子之权

黑人寡妇，最不自由，因亲生子有督察之之权也。嫠某氏夫死多年，子已成人，为本地医师，然身体康健，性又不衰，暗中结交男女为数颇多，其中至好者，且有权力者，本村之村长也。村长出门必执矛枪，拜客时则将矛插于所至之家之门首，礼也，亦以表明“内有贵客，闲人莫入”也。

一夜，嫠妇之子归来，见门前有一矛，知村长在。依惯例不得擅入，然村长夜谒寡妇久而不出，非情理也，为子者有管辖其母之权，遂拔矛而匿之。次晨，村长出来觅矛不得，先将寡妇责打，再召集全体村民告以盗窃之事，并令之将原物于一日之内交出，否则按户查抄，按律治罪。斯时寡妇之子持枪而至，不声不响交还村长。

村长明律，凡通人之寡妇而子不知情者，虽为官长必付罚金。罚金者何？牛与酒也。于是次日村长设宴于少年医师之家，唯不邀嫠妇，以免其赧颜，而自居首座，以明其职位也。

昔年余曾读英国近代文家哈弟[1]（Hardy）氏所著之《人

---

① 今通译哈代。

生之小讽刺》(*Life's Little Ironies*),其中一篇述一寡母将嫁,其子愁容满面,出言不逊以示反对。母明其意,中止再醮,而子则孝敬如故。此非欲执行“子权”也,盖不愿称人为父耳。

原载一九三五年六月十三日《晶报》

黑母白子

黑母白子之事，只发生于南非，而不发生于东非。东部乌民亦多与白族交接，然而终不生育，想因生理上有特殊之情形也。

黑妇喜育白子，因本地人视之为贵种，长大后必授以要职，俾得赡养其母也。要职者何？乌语曰“客来仪”（Karani），即秘书或写官之意。

白男遗留乌种，有自己全然不知者。探险家汤逊[①]（Joseph Thomson，一八五八年——八九五年）曾述一可笑之故事，兹节译如下：

一中年妇人步行至邻村中购面，归来时见溪水清洁，即于其中沐浴。旅行家白男子某，适经其地，招而呼之，妇不知其语，不明其意，目瞪口呆而不敢动。后男以手作势，妇始就之，得银五卢比，九个月后举一男，其色白皙，然为父者已不知何往矣。

居非白妇难与乌接近，因各有谨严之督察人也，然亦非

---

① 今通译汤姆生。

绝对不能。阴国夫妇两人，曾居某村，其家僮告人云：“主妇常常召我进房，我不敢违抗，但乏趣之至。”即此一事，已可知全体矣。

白黑成黄白或其他双色合种，英语统以“霸斯得”（Bastard）称之，即“杂种”之意。

原载一九三五年六月十六日《晶报》

白诱黑

白诱黑者，洁色之坤勾引浊色之乾也，事在乌州亦不常见，然非绝对无有。下述者，始为喜剧，终为悲剧。

乌非有山，厥名爱刚。阳国夫妇二人侨居于山脚下之田庄中。夫常常出外经商，妇好采色，然家僮性怯，屡次招呼而不敢应。一日，妇得一妙策，令其教授土白，先问：“头叫什么？”学会后嘱之进房，继续问曰：“颈叫什么？胸叫什么？腹叫什么？……”直至爱神之山为止，而又指而问曰：“你的叫什么？”得其答后即曰：“我的要你的。”数月后，妇改悦一健仆，僮知之，愤极，以枪击妇，立时丧命。健仆遁，童子自尽于主妇之旁。妇之夫归来，见男女黑白两尸，不问而知一切隐情矣。

原载一九三五年六月十九日《晶报》

三牛两羊

黑人求婚，大概由为父者代其子行之。两亲家见面略谈后，倘新娘之父曰“明日请送些烟叶来”，则有接受之意矣。次日收烟叶后即面议聘礼，最大者，三牛两羊也。

第三日，乾宅送牛至坤宅，新娘见之必问曰：“羊呢？”送礼者可答曰：“羊在家中休息。”第四日，父与其子先牵羊至市，与他人交易面粉与皮（啤）酒，然后请坤宅父女等来家宴饮，席间言定一切婚仪。

第五日，乾宅父子被邀，即牵羊往坤宅聚谈。临别时，新娘之父曰：“吾的儿子意欲请你的女儿，今日带回家去。”新娘父曰：“再过三天罢。”

三日之后，新郎带友四人，暗伏于坤宅之邻近，待新娘出门提水，即抢之而去。是时为新娘者必高声喊曰：“放我，快快放我，爷呀，娘呀，他们抢人！”

有时，为新娘者狂喊曰：“我不要那厮，我决计不去的。”若然，则为新郎者当猛击新娘，而其同来之亲友捏住新娘之手脚，在中途强行“周礼”，因新娘已另有私约，不愿嫁送聘礼者，非先破瓜，则约不解也。

原载一九三五年七月八日《晶报》

特　药

世传乌女有百分之九十皆染花柳病，非也。所以有此种谣言者，因本地男子恐外来男子与其妇女接近，特作惊骇之语，使有野心者，自动退避也。

乌人称杨梅曰："脱壳"（Tago），称白浊曰"开锁拿拿"（Kisonono），二者彼等均有土药以治之。土药者何？草根树叶也。西人治梅用洒尔发散（六〇六），乌人谓为不及土药之有特效。乌人怕白浊较杨梅为甚，因多痛苦而经时久也。

乌地荒野，人民倘被蛇咬，重者立毙，治之之药极多，倘遇找不到时，彼辈先与女子交合，谓如此之后，决不伤命。此种急救法，世间罕有。

原载一九三五年七月十日《晶报》

黑嫠

黑人地区之寡妇，依例为夫兄夫弟所有，不得再适他姓。夫死后，黑妇穿孝而狂哭，曰“我主亡故矣，我主亡故矣”，有自晨至暮连续哭至三四个月而始停止者，亦有只哭七八日即停止者，非因悲痛之程度不同，实因各地之风俗有异也。哭时必在门首，而不可坐于屋内。

黑嫠哭时，必有陪伴者，皆其姐妹也。哭泣之时，即其寡居之时，哭止寡也止，而为其夫兄或夫弟之“室”矣。所谓“室”者，即“妾”之意，因夫兄或夫弟另有正式之妻也。

寡妇之夫弟，有极年幼者。若然，彼可与任何男子接近，待弟长大成人后，以牛脂洗脸，再归彼所有也。

寡妇不自司炊，食时用筷不用手指，此礼之不可解者也。

原载一九三五年七月十二日《晶报》

大律师与小性书

沪上某名律师，即在本《晶》以“桐叶”自称者，昨以彼所接得西洋出版家之性书广告转赠下走，并有书云：“……大约又是野人头了……。”余细阅诸家评论及内容说明，知非野人头，而实为初等书也。兹将此书之简目翻译如下：

（一）发凡，（二）辩驳，（三）适宜之态度，（四）性具，（五）性具之功用，（六）性交，（七）初合，（八）初合之方法，（九）情术，（十）性交之保养，（十一）清洁，（十二）受孕。

本书定价二十一先令，廉价一月，每册售银十先令半，书名《健全之性生活》，作者系郎医师，将婚者或婚而不久者读之，必能得到无穷之快乐也。

原载一九三五年七月二十九日《晶报》

黑　婴

黑女繁生，多者二十胎，少亦五六胎。嫁而不育，至大之辱也。黑婴不啼不闹，眼圆圆有神，见之者，不论何色人种皆爱之。

黑妇之嫁人已满五年而无子女者，其兄（其弟）当往见之妹夫（或姐丈）而言曰："我将带吾妹（或姐）至彼之母亲处，因彼不生育也。"归来后，为母者料理一种药品，使之日服三次，三日后送之还夫家。黑妇之不生产者，有时得招夫兄夫弟代庖而不犯任何法，受任何害也。

黑人地区重女轻男，因前者出嫁时父母可得聘礼也。

原载一九三五年八月十日《晶报》

小宇宙

昨某大学某主任，代余借得其图书馆中新书一册，名曰《恋爱力》（*Power to Love*），著者赫希（Hirsch）氏，性医学专家也，其书依科学方法讲述一切性艺，为少年人所不可不读，惜文字太深，非高中毕业者不能明其大要也。

全书开始，引十八世纪中叶滑稽家福德（Foote）氏一语曰："我今告汝，妇女者，一小宇宙也，非具有治国者之才者，无术以管理之。"诚哉言也。

书后参考书目中有奇妙之书极多，兹试举数名：（一）《白浊教科书》，（二）《性交之最高点》，（三）《为女子之术》，（四）《女子小便之次数》等。他日有暇，当购而读之也。

原载一九三五年八月二十三日《晶报》

黑女不老

黑人女子不老，因不自知其年岁也。即有自知年岁者，亦不愿以之告人。昔一妓被问“汝今年几岁”，彼答曰“今年一百岁”，滑稽中隐含不复之意也。

黑人女子之已嫁人者，工作甚忙，受苦亦多，唯恋爱一事与他国无异。彼等颇知玩弄男子之法，有时极骄，有时极谦；有时和悦，有时发怒；有时让与，有时抗拒。其种种行为，实与百里[1]城多才多艺之美人相同。

黑人丈夫无不虐待其妻者，黑人妻子无有不敬其夫者。其虐也，其敬也，均为世间所罕见。

原载一九三五年十月二十日《晶报》

① 即巴黎。

乌女无私产

乌族妇女，依法律，依习惯，均不得私有财产，即名为身体自由之妓，亦必以售皮肉所得者交之家长也。家长者，亲父或亲兄弟也。

昔一乌姑，营业极佳，其所积蓄已托其兄购得牛三十五头，羊四十九只，自以为将来退隐，衣食决不患矣。一日母病，意欲食肉。妹谓其兄日：“请杀一羊，以供吾母”，兄拒之日：“不必。”后妹自杀一羊以奉亲母，意为自己之物，自己应有处置之权也。兄归来，闻得肉气，曰：“有肉气，甚香，谁杀羊？”妹答曰：“你不允以肉奉母，我已将我所有之羊杀了一只。”兄曰：“我未闻他家姐妹有敢自作主意杀羊者。”即以木棍击其妹，妹痛极而呼。兄愈怒，快步出门取矛而入，欲杀其妹也。妹已测知其意，即持厨刀以自卫。

兄妹二人击搏多时，妹愤极力强，夺其兄之矛掷之门外，即以手中之刀斩其兄之颈，兄死。母在病中，闻之心痛，亦死。

乌官得报，便来验勘。向自卫之女曰：“汝已杀人，应受监禁，然必先食被害者之肉一方。”女从之，出监后嫁一小贩为妻。

原载一九三五年十月二十二日《晶报》

两大家之言

两大家者，法国小说大家小仲马（Dumas fils）与英国当代诗人纪伯林[①]（Kipling）也。两人之意均不赞成所谓终身伴侣者。仲马之言隐而和，纪氏之言显而苛，兹照译如后：

（一）小仲马

> 倘男子能在外间另行干事，他必定与他的妻同居而不离。

仲马意谓“不犯二色”之男子，世间甚少。凡太太平平与妻共居者，皆暗中有外室者也。

（二）纪伯林

> 夫的胸中起绝大的愤怒，因从结婚至今共二十年，晨午晚三餐向他坐的就是那一只不变的脸，恐怕这个情形到死才罢哩！

---

① 今通译吉卜林。

上引者，言一夫一妻制之无调济也。

本年一月二十九日，北平某报讥余专藏淫书，十一月十四日南京某报骂余专译淫书。其实，余所藏所译皆名著也，观于本篇，可以知矣。

原载一九三五年十二月五日《晶报》

教　训

余幼时读曾国藩家书，获益不少，因其说理明白，且合实用也。近读西书，得一训子之语，较曾氏更为透彻，凡属青年皆应牢记。兹翻译如后：

吾儿，倘有人对你说，白浊与伤风差不多，你还是择选伤风。

（If anyone tells you，son，that gonorrhea is no worse than a hard cold，you take the cold first.）

上述者，戒嫖语也；子往大学修学，临别时，其父向之言也。

原载一九三六年一月十三日《晶报》

新舞娘

中非土人最喜婆娑，有名“新舞娘”者，带唱带跳，由祭司或女头目指导，兹将其歌文三十一句直译如后：

（一）预备你的皮肤作发抖之状，先立定。

（二）向前走，臀部左右摇摆，如走向大圣宝王前。

（三）抖汝之身，狂然自愿有宝物赐汝。

（四）看呀，宝物饰于加冕，如同将升之日，以迎合汝之狂愿。

（五）抖动汝身，祖先之力，全藏于汝之身中。

（六）奇哉奇哉，我受纳冠冕唐皇之宝物矣。

（七）啊，何其荣耶？

（八）让我等接近。

（九）向左欹。

（十）向右倚。

（十一）啊，啊，何其荣耶，啊……

（十二）予侪之膝战矣。

（十三）予侪似锯屑之全颓。

（十四）不久彼自诩也。

（十五）俄而曰，荣哉荣哉。

（十六）俄而彼将有以馈我。

（十七）啊，啊，唐皇之胤堪至矣。

（十八）双膝又波动矣。

（十九）吾人欢视子女生（左一顾）。

（二十）（右一顾）不久再舞。

（二十一）啊呀，彼怫然矣，彼趋旧馗矣，愉矣。

（二十二）彼近而深。

（二十三）嘻驰驱通衢矣，极控辔之乐。

（二十四）哀吟起于水际。

（二十五）勇哉若大将之突阵。

（二十六）但听细泉自流，作琤瑽之响。

（二十七）游山兴罢，如前日也。

（二十八）现在我目充满，我喉肿胀。

（二十九）我不能立，不得已跪下，我腹向内人。

（三十）我呼吸紧促。

（三十一）我头昏矣，我睡。

原载一九三六年二月十五日《晶报》

指　环

指环，俗称戒子，多以金银制之，近世始行镶嵌，始用白金（即铂）。其刻文字者，古代已然，而文字之至简至妙者，莫如一“密”字。西历四世纪前，希腊人已盛行订婚戒，其所刻文字传至今日者，有“献与其人，渠非独贤德，且多智慧”为最大方。希腊指环，用黄金制之；罗马人之结婚戒，用两种材料分制两只，一金一铁，金者在户外戴之，以示丈夫之富，铁者在家中戴之，以见丈夫之情；犹太人之指环，全以黄金制之，不镶嵌任何珠宝，其形式极大，不便戴；英人自十六世纪起始有订婚与结婚戒之制，订婚戒之价值常较结婚戒之价值为大，订婚戒无法律或宗教之束缚，结婚戒则有之。西洋指环，又有以草制者，盖法官痛惩品劣之女子，令其当堂与订约之男子结婚，而以此授与之也。

西洋指环上之文字，有极奇妙者，亦有极方正者。下列者译自孔时（Kunz）氏之《指环》一书。

（一）两身一心。（二）善始善终。（三）汝当敬爱赠此指环者，彼即汝年老时与汝吻者。（四）

爱情之稳固，全赖信义之纯正。（五）贤妻不争不闹。（六）德胜于财。（七）天意难违。（八）汝诚火焰，我亦同然。（九）愿望燃烧我心。（十）只顾将来之福，不求目前之乐。（十一）此情之枉也，戴之。（十二）汝我之星也，行动毋越轨。（十三）上帝爱我，谁能反对。（十四）我二人之结合，耶稣之主意也。（十五）耶稣与汝，我之安慰也。（十六）上帝所结合者，无人能分离之。

孔时氏所著之书，出版于一九一七年，前此有袭时（Jones）者有《指环之学》一书，出版于一八九八年。

现今有人主张离婚戒之制，其式应极细小，凡男女之已离婚者当戴之于第五指上。订婚与结婚戒非戴之于第四指（即无名指）不可，因此指直通心际也。

英文中有《新娘指环歌》，今以散文翻译如后：

我指有大环，非草制而为黄金，结婚于日曜日，乐哉乐哉，我类春天之鸟也。

（附问，汉文古书中有述指环之专书否？如有知之者，乞告我为幸。）

原载一九三六年四月三十日《晶报》

《透　比》

宗教书中有题名《透比》（*Tobit*）者，犹太人与新教徒均视为伪撰，不纳入其正式之圣经以内，惟天主教则不然，至今收受而诵读之。视为伪撰者，因原本非犹语写成也，受而读之者，因文章与故事富多研究性也。所谓伪撰之书共十四篇，《透比》其一也，有英语单行本发行。

《透比》篇中，述一可怕之妒神，名曰“阿司莫丢司”（Asmodeus），专与新婚者或恩爱夫妇为难：将婚者，彼杀其夫；恩爱者，彼离散之。兹说一故事如下：

有美女名萨拉（Sara）者，七次结婚，每次之新郎均于当夕被妒神阿司莫丢司所杀，第八夫名透比司（Tobias）者，得天使之传授，先将鱼心鱼肝焚烧，故免于难。《透比》篇云“此种气味，恶魔闻得后必逃之埃及国之边境，而天使即绑缚之”。（气味，指鱼心鱼肝之焚化气；恶魔，指阿司莫丢司。）

阿司莫丢司，男性也；女性者，名李立斯（Lilith）。二者皆犹神。

原载一九三六年五月十五日《晶报》

“耍的灵”

大西有一种植物，名曰“耍的灵”（Satyrion）。古代药物家谓属兰类，促进性行之特品也，今世传否，无从查考。关于此物，西历第一世纪之著作者有种种话说，提哑司高拉第司（Dioscorides）曰：“凡男子欲与女子‘共事’者，应采用耍的灵，因能鼓起肋也。”皮多落泥司（Petronius）曰：“余等见室中有男女数人，察其行动似已饮耍的灵矣。彼等双目作态，勾引余等实演索多密之戏。”巴林泥（Pliny）曰：“此物持之手中，已为鼓兴无上妙品，倘和酒饮之，则力愈大矣。马羊惰而无生气者，主人常以耍的灵和水，使之饮也。”

余意兰性虽香，而无助兴之质。古人所以有此理想者，恐因花形略似睾丸之故。

原载一九三六年六月十日《晶报》

优生演说

蛮人于大战后或纪念日常举行优生舞，舞前由祭司演说，其词甚趣，今觅得英文一本一篇，节译如下：

孩子们，我已经窥见未来之事了，此种圣智圣识，不得不授与汝等。

吾们的土地是特异的土地，它的出产丰极富极，全无限制，它能供给一强而且大的民族。而今吾们的民族弱而且小，补救之法，全在汝等，即生育是也。这种义务，含神圣的性质，无论何人不可不尽，青年男女尤宜特别注意。义务二字，意义尚觉大轻，此事较义务更重，实吾们祖先的、自己的及后代的荣誉与信托。

我们是大民族的主要分子，要永久继续这个民族，其全权操于吾人之手。倘不尽力，则吾们的种族不是衰微即是灭亡。我们是执生命之炬者，非上进前进不可。有资格生育者，受全族最高之敬礼。吾们人人负全族品行及性情之责任。吾们的身体中有祖先且有后裔，有已生者有未生者。汝今在此，已死者因汝而得永生，汝等有全族生存及全族灭亡之权能。代代世世应各重新全族的生命，否则灭亡。

吾们应如何尽此义务呢？第一要选最健的男子以为传种保种之人。他们生殖之力，必藉女人之身体以表现之，所以女人是一族中无价之宝，因彼等实造成人类之人。凡生子女而为母亲者，尊荣之至。

女人何其尊贵耶？其尊贵至少较男人大五倍，是以非最健之男子不得接近女人。吾人选择最健男子，因欲改良民族之故。

现在，吾们的责任已经明白了，吾们的民族非恢复至古代之尊荣与权力不可。吾们欲达到此目的，决非蕃殖不可，各人应听教训，应好好尽职，然后汝等之祖先得因汝等而不朽，而汝等亦因汝等之后代而永生。汝等必盘问理由，汝等被选为民族之重新者，实为世人最大荣誉。

在民族之生活史中，汝等还是愿意上进呢，还是愿意倒退？汝等还是心意改良遗传呢，还是愿意败坏？遗传是来自过去，传至将来的圣品，汝等还是要荣誉的生存，还是要卑鄙的死亡呢？汝等要求永生呢，还是要永亡？汝等能于本族的历史中重起一章，亦能终止此史。我有圣智圣识，可以指导汝等，汝等应各尽天职，要对得起本族的过去、现在及将来。

原载一九三六年六月十五日《晶报》

检查主义者

“检查主义者”，西名“应时破格性艺赐德”（Inspectionnist），性学上之最新专名词也，不论大小字书均所不载。余于通论中得之，其意义如下。

凡实行此主义者，喜看女子裸体跳舞，又常常在暗处窃视女子大便或小便。持此主义之人，可分为两大类：（一）正规类，（二）异常类。前者以观看为方法，后者以观看为目的；前者以观看为起点，后者以观看为终点；前者先看后“合”，后者看而不“合”。小孩与老年人大多属异常类，壮年与一般人大多属正规类。

复次，西方多目视者，东方多手探者。手探主义，西文中无有。

原载一九三六年六月十八日《晶报》

“意　态”

英语中有一称代字，即It，其音颇似“意态”二字，译言“它”，用以指无生物及不等动物者也。然在性学中此字另有一解：“性之吸引”或“性之诱惑”是也。

英国小说家葛岭(Clyn)氏曾著一书，题曰《意态》(*It*)，内述一电影明星名包葛拉拉(Clara Bow)者，惹起全美洲人民之注意，因彼有一种不可思议之魔力也，此魔力无正确之名，即以“意态”名之，所以西人说“她有它”(She has it)者，意即彼女诱人，天生有性之吸引力也。

“意态”系天生而非学成者，凡属男子，完全不能抗拒。英著作大家纪百灵(Kipling)曰：“此非貌美体健也，亦决非言语巧妙也。此不过‘它’而已矣(It is just it)，许多女人在街上行走，男子一见其形象即永留于脑中矣。”

“意态”，音也，译意云“它”，文法上作称代字用，性学中则作“女性吸引男子之魔力”解。

原载一九三六年六月十九日《晶报》

爱乎？欲乎？

真爱不变不尽，世有称夫妻间之爱为真爱者，亦有谓夫妻间之爱含永久性者，皆愚妄之人也。夫妻者，同床共枕之伴侣，其间有友情而无爱情。老年夫妇所以不离婚者，因共居之久，且为义务所系，无法拆开耳。

求婚者及少年夫妇，常向其对手方云“我爱你”（I love you），作此语者，套用他人之言，实际上何尝明其确义哉！确义为何？曰：“我是你的，你是我的。我决意我永久属你，我知道你永久属我。我的心不变，你的心也不变。我和你两个身体一条心，我和你二而一者也。”

试问，今之说“我爱你”者，能知此真义否？余意凡作此语者，不过表其暂时之志耳，暂时之志愿，应以“我要你”（I desire you）表之。

愿(即要)与情(即爱)不同，愿含临时性，以达到为目的；情含永久性，以坚恒为目的。

西谚云：“美妻者，仇人也”，意谓家有美妻，为丈夫者势难兼爱泛爱，反觉苦也。

原载一九三六年年六月二十日《晶报》

天方诗人

古天方国有诗人名法拉司达克（Farazdak），一日遇一美，爱之，目注视久。美怒曰：“易汝狂视，我身只一宁馨，即使百千焉，汝又何望？”

法曰：“何以故？”

女曰：“以汝陋于貌故。”

法曰：“我陋于外而英雄于内，苟汝见者，应忘我外之陋。”（下略）言罢，自裸，丰然若尺玉。女赧无一语。法乃效窬东家墙之技，女允焉。

后诗人吟曰：

依体伟矣，
埒于臂兮。
侪公输之善攻兮，
而荡决而不敝兮。
妙宝有若此之贵兮，
何如烁金流石之类兮。

上译近西古代小说之段。

原载一九三六年七月十三日《晶报》

酒色暖气

佛国名诗曰："酒色暖气，造成乐趣，无此之者，活也没味。"此妙语也，亦至言也。但人老则身寒，既不宜饮酒，又不能好色，岂不极痛苦乎？愿世之医士，有不老药液之发明，其利必无穷无尽也。

然某西书中述一九十三岁之男子，业厂工，性急而身材矮小，娶一九十一岁之处女，二人情好极笃，夜必阳春三度，而健康如常。或问食何补品，曰否，自幼药不入口，此诚大奇事也。斯二人者，恐天已忘却，能恒生而不死矣。

原载一九三六年八月一日《晶报》

日数与个数

有牡牝则有性交，有性交则有生育，此人与兽所相同者也。然生育之量及怀妊之期，人与兽不同，而兽与兽又各相异。兹述三例，专为本《晶报》同志之参考，例如下：

（一）体较大者，每胎产子较少。但此有例外，猪体较羊体为大，然猪有一胎生十二者，而羊则每胎一二而已。

（二）乳房之数不止二者，产子必多。人有二乳，故通常只产一子。

（三）怀孕之期愈长者，产子愈少，试观下列之表自明。

种　类	妊　期	产　数
鼠	二十二日	十
兔	三十日	五－八
貂	四十日	六－九
猫	六十三日	四－六
狗	六十三日	六－八
狐	六十三日	五－八

种类	妊期	产数
狮	一百一十日	二－四
猪	一百二十日	十
羊	一百五十日	一－二
虎	一百五十四日	二－五
猿	一百六十四日	一
人	二百八十日	一
牛	二百八十三日	一
马	三百四十六日	一
海豹	三百五十日	一
海象	三百六十五日	一
骆驼	三百九十五日	一
象	六百日	一

表内“人”之“二百八十日”，由月经开始之日计算；又人能双生，例外也。他日有暇，当另述之。

原载一九三六年八月二十二日《晶报》

双生及其他

人有双生者，双生西名“对孕”（twins）。双生或对孕，虽不常有，然亦非罕遇也。至于三生、四生，则世人视为异事矣；三生西名“挤不烂”（triplets），四生西名“高驼背”（guadruplets）；五生、六生、七生等等，西文中均有专名，兹不细述。

据法国医家巴责（Pare）氏之记载，谓“贵族中有名麦德满（Maldemeure）者，于娶妻之第一年即得二子（‘对孕’），次年得三子（‘挤不烂’），再次年得四子（‘高驼背’），第四年得五子，第五年得六子，而其妻即于产后身亡，唯末胎六子中之一至今存在，麦德满本人亦健全如常”。巴氏卒于一五九〇年，系十六世纪法国外科专家，其言当不欺人。

巴氏又谓“意大利妇人名杜乐弟（Dorothy）者，两胎共生子二十，第一胎九人，第二胎十一人。彼腹部如此之大，其重量非两膝所能支撑，故系长巾于颈以扶助之”。

吾国三生子已视为怪事，唯西洋医家以为四生子非难遇之事也。现代医师赫灵（Hellin）氏云，八十胎中当有一次双生；若以八十自乘，即六千四百胎，其中必有一次三生；

倘再以八十乘之，即五十一万二千胎，此中当有一胎四生子也。按赫氏推算复生之法，阅者倘欲得五生以上之胎数，可类推。

原载一九三六年八月二十四日《晶报》

冲　动

凡属动物，皆有所谓性之冲动者。人无定期，随时可现，随时可隐，故不便研究，唯兽有定期，其隐现皆出于天然而不自主，是于生物学家常以之为试验品也。然兽之体大者，如狗如猫，虽常见而易得，有时亦不受人之支配；鼠类体小，最易布置，最便研究，西洋科学家多借此以作考验。本篇言其结果。

鼠类性之冲动，每四日或五日中约估十二小时，期内（即十二时中）任雄者与之接合一次或多次；期外及受孕，全不知性交为何事，牡者即来亲近，必抗拒之，此非兽之贞节也，实其进步不及人耳。

鼠类于十二时之冲动中，其活力较平常为大。西洋学者，置鼠于小且狭之笼中，使其身体不得旋转、不能行走，以消耗活力；唯内装一轮，可爬上踏而转之，倘轮之转数达一万者，冲动之日也；倘转数不及一千者，平时也，或怀胎时也。雄鼠不类雌鼠，无一定之冲动期；平时踏轮可转五千次，阉割后则至多每日转一千次。计算转数，有回转计，西名“赛骷髅弥陀”（cyclometer）。“性之冲动”一名词，西文中不易遇见，兹将余所知者五字，附音译、意译两项，开列于后：

原　名	音　译	意　译
Heat	希得	热情
Passion	盼性	情爱
Urge	儿基	逼迫
Libido	力培多	性欲
Oestrus	意斯作斯	冲动

原载一九三六年八月二十六日《晶报》

阉

世有天阉，亦有人阉。天阉者，生而不能为人者也；人阉者，非被动即自愿者也。被动者，如古之宦官，今已成过去之历史，不必赘言；自动者，有秘密团体，曰“斯谷泼济”（Skoptsi）者，其故事极趣，兹简述之如下：

斯谷泼济团，于一七五七年成立于俄罗斯国，其祖师名石立乏诺夫（Shelivanov），彼所以劝人去势者，因当时国内多荒淫之男子也。不料后起者，竟称石氏为大圣人、大改革家，并主张阉割全世之人，派团员出国，随处宣传运动，以黄金购买新团员，其愚诚可笑也。

团员中之深信非去势不得为善人者，谓耶稣亦一阉者，且引用圣经以证实之。彼等所引之经文如下：

> （一）论未嫁娶者及寡妇，我（耶稣自称）曰：能恒如我，则于彼有益。（见《哥林多前书》七章八节）
>
> （二）若右目陷尔于罪，则抉而弃之，（中略）若右手陷尔于罪，则断而弃之，宁失百体，毋使全身投于叽很拿（“矶很拿”，即 Gehenna，地狱也）。

（见马太福音第五章廿九、三十两节）

（三）盖有生而阉者，有被人阉者，又有为天国自阉者，此言谁能受，则受之。（见《马太福音》第十九章十二节）

以上文字，照录大美国圣经会文理串珠本。

斯谷泼济秘密宗教团，早被俄政府逐出国境，目下大多数隐居西比利亚及罗马尼亚。据最近报告，彼等仍竭力征求新团员，且信耶稣再临时，其人数必达到十四万四千也。俄文豪高尔基（Gorki）氏，曾于其自述中详言某姓团员之形貌及其举动。

古时国家有以去势为刑罚者，今已全世界废止矣。但医室中常实行阉割，因患肺痨者至第三期时，常双丸发炎，非移去或破灭之，必伤大命也。移去用刀，其法陈旧。破灭之法，或用雷电[①]（radium），或用爱克司光，费虽较大，实妥当无碍，今多行之。阉割后，倘将他人丸质之物接入腹内，则男子仍有性欲，惟不能生子。妇女之卵巢，其功用与男子之双丸相等，亦可用雷电或爱克司光破灭之。

男子去势，西名“割势铲脱”（Castrate）；女子毁巢，西名“勿来”（fary）。

原载一九三六年八月二十八日《晶报》

① 指以镭放射治疗。

外祖母廿四岁

世有谓女子八岁即能受孕者，不可信也，因事出传闻，未曾亲见，未曾证实之故。但十二岁生子之事，已经著名医师证明，全不虚假，可深信而不疑矣。著名医师何人乎？曰“葛笪曼倩”（Guttmacher）也。

葛笪曼倩氏，系美国“章何伯敬”[①]（John Hopkins）大学产科教授。彼于其近著中云：“余近为一乌女接生，女年十二岁零九日。余初不信生育如此之早，后以爱克司光查其骨之组织、齿之发育，始知所述年龄全不虚伪。乌女所生之孩，计体重三磅又四分之三，产时痛苦不多，自发动至临门，共计六小时又三刻。彼多乳，自哺之。余所最以为奇者，女之母亦于十三岁生其女，故廿四岁即成外祖母，此诚世间外祖母之最小者也。”

原载一九三六年八月三十日《晶报》

① 今通译约翰·霍普金斯。

生育与职业

前同乡某君告余云："严可均之五世孙，身患肺痨，虚弱之至，据医者诊断，谓先天不足也，未知是否。"余答曰："是也。读书人如旧时之考据家、经学家，用功过度，非独子息不多，且遗传不强也。"余为此言，毫无实据，不过推测而已。今有英国人，细查职业不同者之生育能力，知教师之子息最小，工役之子息最多。兹列一比较表于后，少者在前，多者在后，乞阅者注意之。

（一）教师，（二）传教士，（三）医师，（四）著作家，（五）巡警，（六）邮差，（七）路工（即铁路工人），（八）矿工及酒厂工人，（九）普通工役。

英国之教师与传教士，与吾国旧时之"读书人"相等，皆潜心学术，勤奋工作者。其子息较少之因，不在经济困难或生活不安定也。生活不安定或经济不充裕者，子息反多，此已成全世界优生学家及经济学家之通论。阅者诸公，倘欲实证，可往闸北，向草棚中或其左近一看，便能明白。

复次，寒带之人，生育不繁；热带反之，生育甚繁。德人谓有卷烟瘾者（女子尤甚）子息不多，想可靠也。

附注：严可均，字景文，号铁桥，清浙江乌程人，嘉庆举人，精小学，著作甚多。余家藏者，有其手写稿本《尔雅一切注音》等多种。

原载一九三六年八月三十一日《晶报》

罕伦与葛立

罕伦（Helen）者，少年女子也；葛立（Gerry）者，其男友也。二人同乘自备汽车郊外游览。归来时已不早，女之母卧病在床多日矣。新得之小猫名唐碧（Tompy）者，亦病。

女见母后，母问曰：“你们为何回来这样的迟？”女答曰：“难道你没有听见车子的声音么？我们早已回来了。唐碧病重得很，将要死了，我先去看它的。”母曰：“阿呀！猫比人还要紧么？猫比娘还要紧么？你不先看娘，先去看猫，不孝的东西，快快滚，滚，滚开去。”

罕伦入自己之卧室中，不食晚餐，推病而睡。

葛立于晚餐后，小心服侍罕伦之母，谈谈说说，拍拍摸摸。临出房时，女之母曰：“我身上不痛了，我的病大概已经好了。”罕伦之母与葛立，二人本有极久极深之“交情”。

半夜中，罕伦似睡未睡时，见有人站在床前，连声呼曰：“罕伦，罕伦”，此人即葛立。

葛立问曰：“罕伦，你觉得怎样？”

罕伦答曰：“不觉什么。”

葛立曰：“我挂念你。”

罕伦曰："不要你管。"

二人一站一卧，静不作声，好久好久。

后葛立曰："唐碧已死了。"罕伦泣，葛立走近床前，坐于床沿上，即以拍摸其母之法以安慰之。葛行同乳母，以一手抚罕之发，以另一手抚其臂。抚之又抚，一而再，再而三，已三百次矣，六百次矣，九百次矣，而葛立尚不以为足。抚臂之手，偶然在胸前擦过，一擦、二擦、三擦，均偶然乎？非有意乎？抚发之手，渐及耳际，渐及鼻际，渐及双唇。双唇者，与唇相接之地也。葛之双唇将与罕之双唇相接，所以先以手定其部局，因时在深夜，房中无灯光，非目力所能及之故。

以上节译现代英国小说大家赫希力[①]（Huxley）新著第廿四章之后半。赫氏思想新颖，文章奇妙，最喜用性语，如"性交""同性爱者""公然在沙发上睡眠""不锁房门而男女同睡""在公厕中觅友"等等。但其著作，并不香艳，并不受禁。

原载一九三六年九月二日《晶报》

① 今通译赫胥黎。

单卵与双卵

双生者，西名“对孕”，有单卵与双卵之别。单卵之对孕，其面貌、声音完全相似；双卵之对孕，其相同之程度，不过普通之兄弟姐妹而已。兹先述一双生相似之故事，再言认识单卵双生之学理。故事如下：

吾乡有双生兄弟二人，面相、身材、声音、举动统统相像，故其父母亦常常误认。一日，伯在大厅上闲行，仲之妻来，曰：“看，我今天的面孔（即脸）美么？此处无人，香呀，香呀！”伯避而答曰：“弟妇，我不是弟弟！仲之妻羞惭之至，狂奔而去；不久，仲之妻又遇伯于二厅，默默向伯言曰：“喂，来，我告诉你，半点钟前，我在大厅上认错了人，叫你的哥哥香我的面孔，你想好笑么！现在你香罢！”伯答曰：“弟妇，我仍旧不是弟弟。”

上故事言双生相似之至也。双生之极相似者，必为单卵，单卵双生当具有下列之九个特点：

（一）双生二人，必为同性者，或一对男，或一对女；

（二）二人之面貌（包括耳、齿），必特然相同；

（三）二人之发，亦必相同。所谓相同者，颜色同也，组织同也，鬈绉同也，位置同也；

（四）二人之目色相同；

（五）皮肤之肌理及颜色，二人相同；

（六）二人手与脚之种类及尺寸相仿；

（七）头盖之尺寸、两臂之尺寸，均无不同；

（八）二人之血组[①]（Blood grouping）相同（人之血共分四组，异组者不能相合，借血者应注意之）；

（九）二人之手心相似，其指纹亦相似。

原载一九三六年九月四日《晶报》

① 即血型。

新生命

一切新生命，除鱼虾昆虫外，必由交媾而成，决难逃“甲加乙等于丙”之公式也。此公式，若以西字西号记之，则更简明如后：

X+Y=Z

此X即甲，男精也；其Y即乙，女卵也；Z即生命之意。然甲究为何物所成，乙又为何物所成，可得而明言之乎？曰可。甲系流质，其每次出来之量，至多为一盎司（Ounce）之五分之一，至少为一盎司之十六分之一，平均内含“蝌蚪”约二万万二千五百万，每一“蝌蚪”又可分为二十四对染色体。卵（即乙）之体极微，普通每月只能成熟一个，其尺寸约西书中全句后圆点之四分之一，亦含二十四对染色体也。所谓“受孕”者，即一个“蝌蚪”投入一个阴卵之意，亦即“甲加乙”也。

甲乙相合后，或成阳性生命，或成阴性生命，是又何故乎？曰甲与乙四十八对染色体相合时，各自消去一半，各自留二十四个。“蝌蚪”中之染色体，不皆相同，内有一个，其形较巨，如所留者如此，则成阳性生命；不然，则成阴性生命。染色体，西名“可母素”（chromosome），生物学之专名词也。“蝌蚪”，西名“司保麦多熟”（spermatozoon），即精虫之意。

原载一九三六年九月六日《晶报》

不妊娠之原因

世界男女，大概产子者多，不产子者少。所以不产子者，非天生天定也，实有障碍也。障碍之数有六，兹说明之如下

（一）子宫之方向错误。子宫之形似一大梨，其口应下向阴道，而不可上倾，致男精不能流入。凡犯上倾之女子，而意欲生子女者，可请医师用手术更正，此事易为，全不危险。

（二）丈夫之精不灵。丈夫之身体极健，但或因腮腺发炎，或因睾丸（或玉茎）受伤（或病），致卵精不良，无生殖能力。犯之者应请医师验其精虫，大概十人之中，九人可以治愈，非永久不疗之症也，切不失望，切不失望。

（三）喇叭管闭而不通。喇叭管，亦称输卵管，系成熟之蛋人子宫之要道，倘闭而不开，则无生育之望矣。今之医师，能以仪器打入空气，以开通之。

（四）阴道中酸质过度。阴道中之分泌液，本含极微之酸性，倘此液之酸性过度，则流入之精必为其所伤，不能达到子宫。今之医师，能检查酸之程度，并能开方给药。

（五）妇人受孕之期，人人不同，有于月经后一二日内能受孕者，亦有于月经前一二日内始能受孕者，甚有非于经

期中不能受孕者。为丈夫者，当作种种试验，以明了其妻之“脾气”。月事中行房，必先“渡洗”[1]（Douche），以免污秽。

（六）妇人缺激发。合体时，妇人有不激发而受孕者，但受孕在激发后者，较多也。

原载一九三六年九月七日《晶报》

① 即冲洗。

箴言十二

近人白德飞（Butterfield）氏所著之《婚姻与性和》[1]中，其开始一页，即引失姓氏者之箴言十二则，题曰《婚后之智慧》（*Married Wisdom*），极合实用，特译之以为本《晶》阅者之参考。箴言如下：

（一）夫妇两人，万不可同在一时发怒。

（按常常相打、相骂、掼家具之夫妇，必两人同时发怒者。）

（二）不论独居或在人前，夫妇两人决不可互相以言语嘲弄。

（按，“以言语嘲弄”五字，原文作“talk at”，谓“意在此而所指在彼”也，即吾乡“打怪话”之意。）

（三）非遇火警时，夫妇讲话，声音不可过高。

（按，吾国人讲话声音未免太高，尤其是小剪发店中之扬州“师傅”及吾家中所雇用之扬州“奶奶”也。）

① Oliver M · Butterfield，*Sexual Harmony in Marriage.*

（四）非亲见过失之不可补救时，万勿咎贵。咎责亦非和声软气不可。

（按，吹毛求疵，最易伤夫妇之爱情。）

（五）万不可因小过而以言语辱骂。

（六）夫妇皆不可作利自己而伤对方之言语。作此种言语者，其行为必卑陋者也。

（七）夫妻因事离别，虽为时只一日，亦当刻刻记念对方恩爱之辞。

（八）夫妇见面，不论何时何地，各应表现欢迎之状。

（九）日中有怒气，有怨气，万不可任其过夜而不消除。

（十）汝如有过误，当即直认而求原谅，万不可听之自然。

（十一）未婚时及初婚时之快乐光阴，至老不可忘记。

（十二）已成之事，虽悔亦无法挽回；未成之事，可以竭力行之。

（按，“成事不说”，为吾人处世紧要条理之一。）

原载一九三六年九月九日《晶报》

两相和协

余常见男女两人，情好极笃，惟男者陋而女者艳，男者黑而女者白，男者年老而女者年少，男者之状凶恶而女者之状柔和。暗暗探之，知彼等既无夫妻之名分，亦无夫妾之关系，实两相和协，黄陆[①]之流也，但各无家庭之束缚，且手头颇觉宽裕，故二三年来，其结合未尝中断；据其邻居者云，此二人之爱，确是真爱，男非女不乐，女亦非男不可，今生决无分离之日矣。然常人视此，总以为可怪而不可解之事。陋、黑、老、恶之男者，与艳、白、少、和之女者，久合不离，是水与火亦能相投矣。

今重阅巴伦[②]（Byron）诗集，内有云“（或者问曰）此人何以悦彼女耶？（答曰）好奇而愚者君也，请不再作声（以自露知识之浅薄），人之爱情本非人之意旨之结果也。”可知男女互相爱好，原是难解之事也。

原载一九三六年九月十二日《晶报》

① “黄陆”，系指当年的新闻人物黄慧如和陆根荣，二人不顾地位悬殊而通好。

② 今通译拜伦。

“喜恺诀”

现代科学中，有名“喜恺诀”[1]（Psychiatry）者，专治心病者也。

世间无数男女，常常无故忧闷，常常大发脾气，皆因欠缺“合体”，过分自抑之故。婚前节育，固为美事；婚后强制，无不伤神。“喜恺诀”学者，谓夫妇之礼，除病时外，应随时实行，否则伤身伤神，无法治疗。此理隐合耶教圣经中所言，兹照录如下：

> 但为免淫，男各当有其妇，女各当有其夫。夫当以所宜者予妇，妇与夫亦然。妇不得自主其身，乃夫主之；夫亦不得自主其身，乃妇主之。勿相负，惟彼此悦意。暂时异室，为得暇禁食祈祷，则可；后仍相聚……。（见《圣经·新约·哥林多前书》第七章二至五节）

① 即精神病学。

以上文字，直抄大美国圣经会文理串珠本，内“异室”二字，为英文原本中所无，当是意译。又近人莫发德（Moffatt）氏，有英语《圣经》新译本，其“勿相负”至“后仍相聚”数语，若以汉文译之，当为：“毋得互相停止性交，但遇彼此同意，暂欲虔心祈祷时，则不在此例，毕后仍须聚合。”其意似较旧译更加明白。不知世之博识者，以为然否？

原载一九三六年九月十三日《晶报》

乳之种类

美术家与百体学家，皆研究妇女之乳者也。分类最明晰者，首推巴乐施（Ploss）与柏德尔（Bartels），二氏皆德国籍，曾合著一书，名曰《妇女》，出版于一九〇五年，其分类法如下：

（一）依乳之大小：（甲）完全发展者，即非常肥者，（乙）丰满者，（丙）中等者，（丁）不全发展者，即小而平者。

（二）依乳之坚度：（甲）坚实，（乙）松荡，（丙）下垂。

（三）依乳之形式：（甲）碗底形，（乙）半圆形，（丙）尖圆形，（丁）钱袋形。

原载一九三六年十月七日《晶报》

女子是月亮

南非作家，即以笔名许莱耐（Schreiner）著名之康赉德（Cronwright）夫人，曾发表下列一语："男人者，可以地球比之；女人者，可以月亮比之。吾人（指女子）常以半面示彼辈（指男人），而彼辈以为吾人只有此半面，不知另有半面隐藏不露也。"此言女子之心理难测，而出之于女子之口，凡为男子者，应记忆之，注意之，并应以至理名言视之。

康夫人生于一八五五年，卒于一九二〇年。所著有：（一）《非洲一田庄之故事》，（二）《梦》，（三）《梦生活与真生活》，（四）《女水仙（一奇孩）》等书，皆用英语写成。

原载一九三六年十月八日《晶报》

吃胞衣

猫、犬、狮、猴等动物，于生儿后即食胞衣；牛马虽非肉食者，然亦狂嚼狂吞之。除边民外，人类中之产母，未有以此为食品者也。

为民、动物，所以食胞衣者，有两大原因，一曰防护，生儿后，凡为母者，其身体必不及平时之强，由林中多好斗之兽往往乘隙来攻，故不得不将一切痕迹消除之也；二曰摄生，胞衣中含滋生乳汁之药料，且有助乳汁分泌之能力，食之有益于产母也。人类有尊长、丈夫之保护，又有医师、药品之帮助，故不必吞此可嫌恶之物。但亦有以之和肉共煮为菜，或干之研未为丸，作医治肺痨及不育之病者，此非科学所知也。胞衣，西名“白蜡生带”（placenta），其重量约胎儿六分之一，边薄而中间稍厚，形圆，直径约七英寸至九英寸。

《晶报》编者按：胞衣在中国医书中，即紫河车也，昔修练家常之以助阳，未知其效确否。

原载一九三六年十月二十二日《晶报》

人　乳

人乳分初乳和真乳两种。初乳者，怀孕时及生产后二三日内分泌之，其成分为何，今世尚无研究者。初乳之科学名称曰“高劳施董”（Colostrum），生产后第四日即有真乳，真乳西名“卢葛”（Milk），其成分如下：

水	八八．八
蛋白质（酪素原）	一．〇
脂肪（乳油）	三．五
炭水化物（乳糖）	六．五
盐（石灰等）	〇．二
共计	一〇〇．〇分

上述者，人乳也。牛乳与人乳不同，含糖较少（四．五），盐质较多（〇．七）。不论人乳牛乳，食之能补益身体。

文化愈进，乳哺之期愈短。西洋人只八九月，野蛮人有延至十五岁者。贝尔（Bell）医师谓乳哺之期过长，则母体受伤，患头痛、月经无度等症。

原载一九三六年十月二十四日《晶报》

头　颅

人之头颅骨，其组织无性别也。所不同者，男人之骨稍厚而大，女子之下颚不如男人之发展是也。骨内脑浆，完全相似，故大多数男女，智力相差不远。

西土好事者，曾将男女之脑仔细研究，权其重轻，取得结果如下：

（一）男脑重约一千四百公分。

（二）女脑重约一千二百六十六公分。

一九三〇年，巴谷（Parker）氏又重行研究，在其所发表之论文中，谓欧洲人之脑，男重一千三百六十公分，女重一千二百五十公分。依此，则男女之差，即一百与九十之比，不甚远也。

原载一九三六年十月二十五日《晶报》

女多男少

世界各文明国之人口中，均女多男少，此何故乎？曰男性活力不及女性之强也。在产生时，男孩较女孩为多，约一百零五（男）与一百（女）之比；二三岁时，两性之数，全无差别；自四岁起则阴渐胜于阳之数矣；五十岁后，其比为（男）一百，而（女）为一百十六。

上述者，一九三〇年，普尔（Pearl）氏之研究也。

原载一九三六年十月二十七日《晶报》

花柳减少

据《帝国社会卫生年鉴》，知西洋陆海空军中之犯花柳病，日渐减少矣。兹将其调查所得之结果，翻译列表如下：

（一）陆军

	白浊	梅毒	下疳	总数
一九二一年	四五.九	一五.六	一二.四二	一一一.二八
一九三一年	二一.五	四.五	九.八四	六八.九二

以上之数，均依千分计算，即一九二一年，千人中犯花柳者，一百十一人有奇；一九三一年，只六十八人有奇是也。

（二）海军

	白浊	梅毒	下疳	总数
一九二一年	七一．三八	二六．四八	一五．四八	一一三．二四
一九三一年	五一．五九	七．四八	九．八四	六八．九二

以上亦照千分计算。

（三）空军

	白浊	梅毒	下疳	总数
一九二一年	二六．二	八．〇	一．九	三六．二
一九三一年	一〇．八	二．一	一．七	一八．六

以上数目，均照千分计算。

原载一九三七年一月九日《晶报》

少与貌

（一）世间有一种迷信，即老男与少女相接，得增活力是也。研究西洋宗教或文学者，知耶教圣经中《列王上》第一章载大卫因亚比煞而暖之事，原文云“大卫王寿高年迈，虽蔽之衣衾，仍不得暖，臣仆谓之曰‘不如为我主我王寻一处女，可侍于王前，奉养王，卧于王之怀，庶我主我王得暖焉’，遂遍以色列境内寻一美丽童女，寻得书念女亚比煞携至王前……”可知，老接少得以还童之信心及实行，不自今日始也。

（二）美貌与性量无关。有极标致之女子，其身裁、步态较最最上等之女明星更佳，但不能行事，无力应付，却与阉宦相等；娶之者，往往发觉此事于婚后，而口出怨言也。

原载一九三七年一月二十六日《晶报》

富氏妙函

富氏[①]者，即美国名人姓富兰克林（Franklin），而名曰朋吉明者，生于一七〇六年，卒于一七九〇年，政治家、外交家、科学家兼著作家也。其《自述》一书，富多训导之词，几为全世界各学校所必读之书。

富氏于一七四五年曾作一致友人之函，题曰《致某青年函：论选择妇女》。此函不入富氏文集，当时之人，知之者亦不多，后为政府购去，不准人民抄录印行，今已开禁矣。余觅得原文，直译如后：

致吾亲爱之友：

君所提及之狂烈天性，余全不知有药得以减轻之，即知之，亦不应奉告也。正当之补救方法，其惟结婚乎。结婚者，人类最宜之情况，故最易于其中寻获坚实之快乐也。君延缓之理由，大概因目见种种偶然之利益耳，但与婚姻及固定相比，此类利益皆不

① 今通译本杰明·富兰克林。

可靠者也。男女相接，始成全人。分则女缺男之体力、男之智力；男缺女之柔和、女之敏感与识别。男女互合，成功较易。单身男子其价值决不及结婚者之多，因彼为不完全之动物，类似半把剪刀。君若娶得一谨慎康健之妻，则对于职业愈勤，加以君妻之节俭，所得幸福必多。

倘君不以余言为是，惟仍主张性交为万不可免之事，则余不得不以旧时之言奉告矣，即在恋爱中，君当择老妇而不择少女是也。君必称此为异说，且欲余说明理由。余之理由有八，如下：

（一）老年妇女，识世事较明，观察力较强，谈论较佳而和合。

（二）貌衰之妇女，必自求有益于人。因彼等欲获束缚男子之势力，不得不增进其实用，以代其日减之美丽也。老年妇女，常自习大小种种事务，故君有疾病时，彼能出全力而为看护。世间老妇，无有不和蔼者，亦无有不善于待人者。

（三）老年妇人无生男育女之累。教养儿女，真不便利之事也。

（四）年老者，阅历较多，而愈能谨慎，故能导行密计，不使人猜疑也。与彼等交接，安全较多，因君之名誉不受损失也。即使有人知君与彼等之事，亦必谅之。老妇者，照顾青年者也，彼之言辞，得以改善青年之态度，并能使之不嫖妓而作伤身损财之事也。

（五）凡两足行走之动物（即人），肌肉中之活质，首先生于头部；其衰也，亦自最高之部起，脸先瘦而皱，然而颈、乳与双臂，下部不变，其肥如旧。倘以藤篮罩满女子之上身，而只视察其腰际以下者，决不能辨别老妇与少女也。古语云，在黑暗之处，猫皆灰色。故与年老者接，其乐虽不能超过少女，至少亦能相等。凡为玩具，用之者总有改善之道也。

（六）与老妇接，罪恶较轻；犯少女者，往往使之亡身，或终身不乐。

（七）与老妇接，悔恨较少，因犯处女而使之终身不乐者，自己亦终身痛苦。接老年者，非独可以免此，且能使之乐也。

（八）最末，老妇皆能感谢者也。

上述者，余之异说也，故余仍劝君立即娶妻。

君之亲爱友人 富兰克林

一七四五年作于菲列德尔菲亚洲

富氏函中，误点极多，不合优生学条理。暇当一一指出。本《晶》阅者，如有高见，请先来信发表。

原载一九三七年一月二十九日《晶报》

健且富

世间有奇书名曰《香园》者，富多美妙之诗歌及故事，兹翻译最短一章，即述男子之品质者，如后：

一日，国王阿勃特儿梅力克往谒其情妇名丽乐者，在彼等交谈时，王问丽乐曰："男子何种品质，为女子之所欲有？"

丽乐答曰："噫，吾王，男子必有双颊，美如吾人者。"

王又问曰："另外尚有何事？"

妇继答曰："头发亦必如吾人者。噫，吾王，男子必与吾王相类，始能及格，即男子非健且富者，不能获女人之心也。"

《香园》，天方国之出品也，有英译本，传世极稀。据古史，阿勃特儿梅力克，约八世纪时人，天方国国王。丽乐，女诗人也。

原载一九三七年二月四日《晶报》

《香园》之吻

接吻，日常事也，而《香园》中言之最妙，兹杂取数语翻译之如下：

不论性式如何变换，不论进退如何合宜，设无接吻，必无至大之乐也。接吻者，补充一切，增加一切。古诗云:“流动之目光兮,使心心相印;美妙之接吻兮,庶直通阳阴。”

最善之吻，湿吻也，即彼此垂涎之际也。非独此也，揾时或继之以嘬，且呋然如风之透谷，嘅嘅而锐利焉，又有轻度莲华一寸之绛，微滋甘露，厥味如饴，其腻如蜜，闻其益体之功，亦较鲜蜜愈大。昔人云：“余与彼接吻，不殊饫琼浆，其味之类，非沙漠中专以供给骆驼之水之所知其万一也。软玉在怀，春融入髓，身兀兀欲动而心摇摇欲坠矣。”

原载一九三七年二月七日《晶报》

岂在貌乎？

下译者，《香园》中小故事之一也。

一日，木萨（Monssa）往谒同邑某妇，妇美貌多财，有婢善歌，木拟购之为妾，议价时，见一丑陋之男子，出入甚忙，且常常发言。木问曰："此何人耶？妇答曰："我夫也。"木曰："噫，天乎！汝诚为奴矣。以汝之美，配此丑夫，我代汝不平也。"妇曰："老哥，倘彼以待我者，转而待汝，汝亦必愿牺牲一切，以与之周旋也。他人见彼之丑陋，我只见彼之俏丽。彼果陋乎？我终以为美也。"

译者曰，情人眼里出西施，貌之美恶，本无标准，况好感系乎心灵，原不在数间之颊也。

原载一九三七年二月十六日《晶报》

画　眉

汉张敞为京兆尹，为妇画眉。画眉者，以黛饰之，使面相更美也。余意，世有饰而貌美者，亦有不饰而貌美者，前者不及后者之天然也。下列者，译自欧西古剧本。

费鲁曼兴（Philomation），名妓也；史卡发（Scapha），其婢也。一日，费鲁之情人名费陆赉基（Philolaches）者，在暗中闻得主仆二人之谈话如下：

费鲁曼兴："史卡发，把那边的小镜及手饰匣快拿来，我的好友费陆赉基立刻就要到了，我当装扮起来等他。"

史卡发："镜子是丑陋者和年老者所需要的东西，你自己比镜子更加光明，何必要它呢！"

费陆赉基（在暗中自言自语曰）：说得好，史卡发，你一些也不错，今天我当送些东西给你。

费鲁："我的头发齐整么？"

史："人既齐整，哪有头发不整齐的道理！"

费陆（在暗中又自言自语曰）：呀，那老婆子从前反对我们，现在真心向我们了。

费鲁：“给我那匣香粉。”

史：“有什么用处？”

费鲁：“涂我的脸。”

史：“阿呀，你以乌墨涂象牙，欲求其白，反而黑了。”

费陆（在暗中曰）：史卡发，我赞成你的话，你真聪明。

费鲁：“把那边的胭脂拿来。”

史：“我不拿，好好的一轴古画，你以新颜料东涂西拓，那有不坏之理。你真笨极了。”

余曰，汉张京兆代妇饰眉始见娇艳，费陆赉窃看真美，窃听赞语，两者相较，张似不及费陆之享受多也。

原载一九三七年二月十七日《晶报》

人工孩

结婚多年，不能生男育女，非夫不力，即妻无能也。倘过失在夫，而不在妻，尚可补救，即采用科学借种法是也。科学借种者，医师以亲夫以外之男精引人妻之阴内，使其受孕，因此而生之子女，西人名之曰“试验管中之孩”（Test Tube Babies），即“人工孩”之意。人工孩，美国已有不少，皆于过去五年中，由西摩与葛纳（Koener）两医师经手成之。

借种之事，最易发生医学上及法律上种种危险，故美人于实行之前，注意下开之点：

（一）自愿赠种之人，非经医师验明身体健全，不患花柳病或疯癫症者，虽热心人种，皆在拒绝之列；借种之母，亦非受检验不可，患血友病（hemophilia）者，不宜遗传，故全无资格。

（二）赠种者必为中年人、大学毕业生、有正当职业而经济独立者，且已娶妻而无子女者，因有子女之“妻”，不喜子女有所谓“半弟兄”“半姐妹”也。赠种者，非得妻之允许不可。

（三）赠种之“父”，不得收受任何报酬。

（四）赠种者不得为夫之兄弟，恐妻于探知实情后，移爱于赠者，又恐赠者常见己孩而心生不快，或宠之过度也。

（五）赠者与受者，不得互知姓氏，亦不得彼此见面，恐日后有胁吓、讹诈等事发生也。

（六）赠者与受者，必为同民族之人。目棕色者，最好有棕色目之子女；目绿色者，最好有绿色目之子女。意人活动，德人静默，不宜混合。

（七）夫于其妻纳种之前，必立约签字，并加手印，声明其妻借种之事，得彼之允许而行。此约由接种之医师秘密保存。

（八）借种不作通奸论，因一方面有亲夫之允许，另一方面不触犯国法也。（依纽约州法律，通奸之定义为“男女体交，而男者不为法定之伴侣”，借种之母与赠种之父，非独无体交，并未见面也，故非通奸。）

原载一九三七年三月十三日《晶报》

梅毒之源

吾人以为哥伦布发现美洲后，梅毒始由西印度[1]（West Indies）传至欧洲，其实不然，此病因西班牙人之往美携之同去也。梅毒祖国，不在伊，必在佛；西班牙与其他欧洲各邦亦得之于人，非首创者也。

梅毒，西名“血非立死”（syphilis），牧童之名，即最初得此病者，典见拉丁文某诗。此病最易传染，患而不速治者，非独皮破肉损，且上开天窗，下去箫干，不伤大命，幸也。

形如吾人之猴猿，亦患梅毒，自己创造乎，抑得之于人类乎？此事无人知之，亦无法研究。

吾国昔时称杨梅疮为“广疮”，亦有称“霉疮”者，明弘治正德间始流行于南方，想系由最先来华通商之葡人带到也。英语中“血非立死”一名，一七一八年始有之。

原载一九三七年三月十七日《晶报》

① 即西印度群岛，位于大西洋及其属海墨西哥湾，加勒比海之间。

月事长短

妇女月事，有长至四十天一次者，亦有短至二十三天一次者，人性不同，非病也。恒常不变，每次恰合三十天之数者，世间不多；唯全然恒常者，有时亦变，其变之原因有三，如下：

（一）用心过度，或用力过度，如忧患、恐惧、快乐、狂欢、打扫房屋、远方旅行等能使月事早临也。

（二）天气变换或职业变动，亦能影响月事。

（三）疾病如初期肺痨、心脏病、割症、大醉等，药物之含碘质者，皆能变更月经之定期。除此外，将近“上岸”时，月经之期常变。西洋有研究月事之专书，暇时当节译有趣味之事实或故事，以供本《晶报》同志之阅读。

原载一九三七年四月七日《晶报》

两　力

两力者，“自动力”与“下种力”也。从前研究生殖力者，以为行动即生活之现象，必有传种之可能；其实不然，动而不种者极多，不动而种者亦不少。下列诸条系世间最新学理，医师与常人皆不可不知也：

（一）精丝之动力，在显微镜中所见者，未必与实际动作时相同；

（二）不动之丝，未必皆死者也；

（三）行动非传种之确症；

（四）精丝先失传种力，然后再停止行动；

（五）异常之丝，其行动之时间较通常者更长；

（六）下种之力，依赖丝之质量，穴之酸度等等；

（七）丝之温度较低，则下种之力较强。较低较高均指体温而言，标准体温在成人口中，约九十八点四度（华氏），精丝下种时之温度总在五十与五十九之间也；过热过冷皆成废物。

自动力之西名曰“磨敌力抵”（motility），下种之西名曰“非肯息性”（fecundation），精丝即阳之精也。

原载一九三七年四月八日《晶报》

娠 孕

关于娠孕一点，已经东西洋医学大家研究证实者，有下列三事：

（一）下次月经来临前之十一天内，绝不娠孕，此可以“第一不孕期”名之；

（二）第一不孕期前之八天内，可以娠孕，此当以“通常受孕期”名之；

（三）月经来时，及毕后在通常受孕期之前一日或多日，亦不娠孕，此应以“第二不孕期”称之。

上述三事，简便易知，凡无子而欲求娠者，或有子而欲避孕者，不论每次月事之长短，均可依之推算。但阅者尚有误会，特再举例如下：

沈姓妇，年三十五岁，期月事之循环常为二十三天，如上一次来临之日系元旦之晨，则下一次来临必在一月二十四日是也。此妇之娠孕与不娠孕诸日可详细开列如后：

（甲）第一不孕期，一月十三日至二十三日；

（乙）普通受孕期，一月五日至十二日；

（丙）第二不孕期，一月一日至四日。

又陆姓妇女之循环极长，每次为四十天，九月一日“来”后，非至十月十一日不“来”。陆妇好静坐阅书，年二十七岁，其娠孕与不娠孕诸日，开列如后：

（甲）第一不孕期，九月二十日至十月十日；

（乙）普通受孕期，九月二十二日至九月二十九日；

（丙）第二不孕期，九月一日至九月二十二日。

由此可见，循环之日期愈长，则娠孕之机会愈少，反之亦然，欲求子者或“节育”者不可不知。数年前，有信犹太教之夫妇，年少力强，月事准确（每次二十四天），然结婚多年竟不生育，延医诊断，全无疾病，后知彼等谨守教规，性交必在月事毕后两星期，开始行之，是已过受孕之期矣。假使此妇之月事开始，在本年四月八日，问何时为彼之通常受孕期，请本《晶报》阅者细细推算。西书中有受孕表，惜太精细，不便复印。

原载一九三七年四月九日《晶报》

节　欲

节欲者，美德之一也，凡独身者应谨守之。已结婚之夫妇，除不得已时，不宜节欲，因性交为互爱之表现，婚姻中种种困难，种种冲突，得借之而消除也。婚后节欲，则妻之健康决然受损，所谓腹中积血，分泌不佳，月事无常等症，大都皆由此而起。世之依弗洛伊德而“克制”者，日久必患神经病；此尤小事也，至于窃汉离婚，破坏美满良善之家庭，造成不可思议之罪恶，则任何人所恨而不喜闻者也。

上节译德国女医师葛赉师美（Glasmer）所著《妇女之性问题》中之一段。

原载一九三七年四月十一日《晶报》

兽精动力

精丝不论属人属兽，皆有自动与下种两力，参观本《晶》四月七日《两力》篇。自动之时间，每较下种之时间更长。下列者兽精之动力时间表也：

小鼠	十小时
大鼠	十六小时
豚鼠	四十一小时
猪	四十八小时
马	四十八小时

人精动力之时间，尚未经医学大家查明，大概总在四十八小时之内。

原载一九三七年四月十三日《晶报》

不嫁之乐

近来有人在美国波士登（Boston）某杂志投稿，谓凡女子之愿嫁者，应注意实际，不应专重爱情。爱情者，催眠状态也。好丈夫者，社会上有地位，银行中有存款之人也。本月《世界文汇》中，又有许邓陶朴（Siedentop）通信，称不嫁有四乐，兹翻译如下：

（一）不嫁得自由度日，可免种种困苦；

（二）所谓婚姻不圆满一问题，可置之度外；

（三）不必忧虑丈夫之失业，或小孩子太多；

（四）可以永远称“小姐”，永远不老。

不嫁，即一世童贞之意。倘多交异性之友，随时与之同居，则是“度罪恶生活”（Live in Sin）矣，其苦比嫁更甚。

原载一九三七年四月十九日《晶报》

婚姻科

近来美国各大学，竞设新课程，最奇者莫如婚姻科也。授此科者，有衣阿华（Iowa）大学、范塞（Vassar）及叙拉古（Syracuse）大学。该科所授，大概不外四事：（一）婚前问题，（二）婚后调整，（三）生产心理，（四）教养孩儿。

美国大学，又有无线电广播科、天气预知科、利用闲暇科、预选家庭科及个人自知科，皆最近设立者也。个人自知科，藉影片及留声之力，记录学生之言语状态，以为教师及同学批评之基本。美人教育，可谓无微不至矣。

原载一九三七年五月七日《晶报》

梅　毒

美国梅毒盛行，十人（指成年者言）之中至少必有一人犯之者，其杀人之势，几与天花肺痨相等。政府已注意及此，特在华盛顿（京城）召集大会，到会者九百人，皆医师、教育家及各州各城公共卫生处服务人员也。该会议决，先从三点人手。三者，一地，二费，三济也。

（一）地者，即被传染人及主传染人之住址也。医师得报告后，不再放松此二人，非达到彼等痊愈之目的不止。

（二）费者，即医药费也。本年美政府已允拨金洋两千五百万元。

（三）济者，即人民与医师合作也。有病而匿而不报者，其亲族朋友及邻近之人，得代报之。

据医界确实调查，欧洲斯甘地纳维亚[①]（Scandinavia）国，因管理得当，已无梅病踪迹，唯美国地广人众，至少十年之后，始可消灭也。

原载一九三七年五月三日《晶报》

---

① 今通译斯堪的那维亚（挪威、瑞典、丹麦、冰岛和芬兰之总称）。

人兽禽

人与走兽相差极微，但人自觉聪明才智皆远在其上，故轻视之。至于飞禽，吾人大都羡之，以其所能者即吾人所欲行者也。鸟之所觉，以歌曲表之；吾人至高之情感，亦藉诗词之力达之，此人与禽相似之点也。复次，禽知恋爱，知建筑，好家庭而又好远游，此又人禽之相似处也．

原载一九三七年五月十八日《晶报》

经终之年

名医师革洗（Kisch）氏，谓各国妇女月经终止之年大为不同，相差几乎九岁，兹据其调查所得列表如下：

第一表

（一）拉柏兰[1]，四十九岁又四月；

（二）挪威，四十八岁又九月；

（三）德国，四十七岁；

（四）英国，四十六岁又一月；

（五）俄罗斯，四十四岁：

（六）奥国，四十二岁又二月。

革洗氏又称终止之期有早至二十岁者，亦有迟至七十二岁者，皆例外也。

女医师联合会曾详细调查一千个女子之月事，其结果发表于一九三三年《枪矛》（*Lance*）杂志中，兹照译如下：

---

① 即Lapland，今通译拉布兰（北欧地区，包括挪威、瑞典、芬兰之北部及俄罗斯之可拉半岛）。

第二表

终止之年（岁）	结婚者之人数（个）	未婚者之人数（个）	总　数（个）
三十八	十三	三	十六
三十九	十二	二	十四
四十	六十三	二十九	九十二
四十一	二十六	九	三十五
四十二	三十八	十一	四十九
四十三	三十九	十六	五十五
四十四	二十一	七	二十八
四十五	七十一	二十五	九十六
四十六	四十八	十九	六十七
四十七	三十九	十八	五十七
四十八	六十一	三十	九十一
四十九	五十六	二十三	七十九
五十	一百一十四	五十三	一百六十七
五十一	二十六	十六	四十二
五十二	五十五	二十三	七十八

上表中，结婚者共六百八十二人，未婚者共二百八十四人，全数九百六十六人。革洗氏谓月事早起者必迟止，误也，因女子虽有起于十八至六十始止者，亦有起于十六至

五十六即止者。施多博（Stopos）氏称期长为“迟熟”，似甚可靠，迟熟有至九十三岁者，此白退（Battey）氏之说者。又毕笃（Piton）氏谓七十二岁之女子尚能受孕生子，不过世间极少而已。

原载一九三七年六月一日《晶报》

年老生子

所谓年老者，夫九十四，妻八十三也，其生子之事由法国科学馆（French Academy of Science）证实报告，故非寓言。

老年生子，世间不少。英国陶逊（Dawson）医师于其所著之《男子性之原因》（*The Causation of Sex in Man*）中，述一有趣之故事，兹翻译如下：

> 一九〇四年之春，余应戊丙（E.C.）小姐之召，赶往诊断。戊丙小姐年五十岁，月事终止已二年有余，前岁春夏之交，彼于无意中遇见其许久未面之旧情人。戊丙以为癸水已绝，安心“冒险”，不料竟生一强壮之儿，余亲自为之接生也。

依此，月事与受孕实无关系，来者未必生子，止者未必不生也。古籍中亦涉及老年生子之事，兹抄录如后：

> 其中一人曰，明年届此期，我必复至，尔妻撒拉将生子。其人后幕，撒拉在幕门闻之。亚伯拉罕与

撒拉俱年迈，撒拉癸水已绝。撒拉窃哂云："我已衰矣，我主亦老，岂复有此乐乎？"主谓亚伯拉罕曰："撒拉何哂云我已老，岂能生育乎，主岂有不能行之事哉？届期我必复至，撒拉将生子。（《创世纪》十八章十节至十四节）

亚伯拉罕老迈时，撒拉怀妊，届神所言之期，从亚伯拉罕生一子……撒拉曰：亚伯拉罕年已老，而我从之生子……（《创世纪》廿一章二节至七节）

施多博（Stopes）医师谓昔有英人名柏鲁（Parro）者，结婚时年一百二十岁，其与妻接体之勤，与少年无异，此人活至一百五十三岁始卒；又顾伯（Cooper）氏称彼曾研究九四、九六及百零三者之精，见其传种之力与少年之精相仿也。

原载一九三七年六月三日《晶报》

茶壶茶杯

近有西人将男子比为茶壶，女人比为茶杯，虽极滑稽，但似近理，兹直译其所说者如下：

> 多妻好像一把茶壶有六只茶杯环绕它，那是天然的且合意的布置；多夫好像一只茶杯连同六把茶壶，那是矛盾的并且不合宜的。

上译者，系林赉德（Linklater）之言。林名伊立（Erie），其事迹不详。彼所支配之数为“六”，而不“二”“四”“八”者，不知何故。岂男子多妻，或女子多夫，不到六人者，或过此数者，在彼意中均不作混乱论乎？

西语多妻曰“普来搿迷”（polygamy），多夫曰“普来安居”（polyandry）。

原载一九三七年六月十八日《晶报》

《葛百了》

法国以笔名著称之商娇姬[①]（George Sand），曾于一八三九年作一小说，题曰《葛百了》（*Gabriel*），言男女平权为世间最不容易之事，兹将其大意节译如下：

葛百了者，女孩也。其受教育完全与男孩相同。彼习骑马放枪，又善于舞剑，总之，凡男子之所能者，彼亦能之；凡妇女之所有者，彼轻视之。成年后遇一青年而悦之，即与之结婚。

在婚姻中，葛自觉彼之特长，即彼之欠缺。女子得胜，全恃引诱，此彼所不能者也。彼之才能，全在英武，此人所不欲者也。夫家亲族，莫不敌对之，而葛亦仇视彼等。最难忍者，其夫常劝彼不滥行男子之事也。

葛在失望中自问曰："男女既有两种道德，何以又能合作为夫妇，而获得爱情与欢乐耶？"

《葛百了》一书，实是商娇姬自述。商生于一八〇四年，卒于一八七六年。彼所学习者，男子之事也；彼所欲得者，

① 今通译乔治·桑。

男子之权也；一生寻求真情而未达目的，除本夫外彼有恋人不少，最著者：艾福来[①]（Alfred）、米其乐（Michel）、寿宾[②]（Chopin）也。他日有暇，当为之作一小传。

原载一九三七年六月十九日《晶报》

① 指阿尔弗莱·德·缪塞（Alfred de Musset），法国诗人、作家。

② 今通译肖邦。

蛮人借妻

澳洲中部，实行借妻，名曰“可是奶奶”（Kusenana），风俗也，礼仪也，亦制度也。凡已婚者，依例不得不随时将其发妻准任何单身男子借去，惟受恩之人，于自己娶亲之前亦不得不先将其“新娘”献与赐恩之人也。

澳洲又有一种风俗曰“可奔逃”（Kupenda），即女子之不满于其夫者，可以随时离去；倘所遇者尚不如愿，仍可归来也。

澳洲有二种主要之舞，曰“伊得达”（Idata），曰“和儿养寡老”（Wulyan Kura）。前者于女子闻任何男子之号筒声后，即可与吹号者跳舞，且奔逃也；后者准许女子于婚外择人也。后者有歌，兹翻译两节如下：

（一）低胸女子唱声高，彼等唱声真是高。

（二）我喉中发痒，我胃中发抖，我肝脏发抖，我腹部也抖，我子宫振荡。

原载一九三七年六月二十二日《晶报》

恨与离

妻有终身恨其夫者，亦有中途离去者。其恨也，其离也，大概难逃下列各因：

（一）丈夫不肯随时表示亲密之态度；

（二）丈夫过重卫生，闭关自守；

（三）留中不发，以避孕育；

（四）情烈而时短；

（五）可可否否，不关心此道；

（六）妻疑丈夫有外遇；

（七）妻自初夜后，即觉乏味；

（八）无论何时，接触间即觉不适；

（九）从未觉得个中有味；

（十）丈夫太私心，只求自己取乐。

以上十因，有属生理者，有属心理者；有可补救者，有不可补救者。青年之已娶妻而自觉不满者，应注意之。妻不爱夫，尚有他种缘故，他日有暇当再述之。

原载一九三七年六月二十三日《晶报》

嫁娶之要

单身男女、无伴侣者，有种种之不便，受种种痛苦，故两性届相当之年非满俪[①]（marry）不可。英国古诗人薛立[②]（Shelly）云：

> 世间万物，无单独者。依照神律，应各混合。若然，余当与汝连结也。汝不见高山与青天接吻乎，海浪与海浪互抱乎，日光拥大地，月色吻长江乎，余若不与汝接唇，则天下一切美事，均无意义矣。

薛氏生于一七九二年，卒于一八二二年，其诗甚言满俪（即男女合一）之必要。近来西人主张男子廿四应娶，女子廿二应嫁，与吾国旧时主张三十、二十者相差甚大。西人之主张，根据科学，即心理卫生；吾国之主张，不知是否根据礼教。

原载一九三七年六月二十四日《晶报》

① 指结婚。

② 今通译雪莱。

人兽之不同

人兽之不同，一有恋爱，一无恋爱也。兽之步骤三：（一）吸引，（二）接近，（三）体交。人重恋爱，然亦不能不作体交，不过于体交之前，吸引、接近之后，当有所谓“预备”或“开端”（Preliminaris）者，即男女互相谈话，互相亲密，互相敬重是也。打野鸡及玩韩庄[①]者，实行兽之三个步骤，着重阴性肉体，不重女性智力，故世人轻视之而笑骂之。人之恋爱，究是何事，爱理司[②]（Ellis）曰：“恋爱者，欲与情之合也（synthesis of lust and friendship）。”由此可知，男女之间色欲与交情并重，二者缺一，非走入兽途，必结合不坚。

原载一九三七年六月二十五日《晶报》

① 隐指“咸肉庄”，即低级妓院。

② 今通译霭理士。

烈情与冷态

烈情与冷态，其间相隔者不过一薄薄面巾（thin veil）而已，今日热如火之新娘，明日有变成冷如冰之妇人者，此何故乎？曰原因甚多，述之如下：

（一）丈夫不知爱术，初夜太性急，不细心；

（二）丈夫言论粗暴，太自夸，轻视女性；

（三）丈夫几乎每次“投帖”[①]；

（四）结婚后，妻觉其夫不似从前之可亲可爱，小心周到；

（五）妻因家庭状况不佳，恐受孕生产；

（六）妻察言观色，疑丈夫有外遇。

上述者，主要原因也。本《晶报》阅者，如另有所知，千乞赐教。下译者，系美国某女子自述：

真的，我是天生烈情的。我的烈情，决非他人所能及的。某次，当此之时，我竟昏去，完全不省

① 即早泄。

人事。后来我听得他同朋友讲谈，说他在结婚之前，如何如何结交女人，如何如何实行性的冒险，倘然他讲的一半是可靠的，我相信他早已不能“为人”了。我还是原谅他，我想他不久就要全失男子之力，从此我心惊胆怕，他求我友爱时，我更觉不佳。有时我到娘家去，好几天不归来，他可可否否，不大注意。现在我脑中只能想到他的过去的生活，我深恨他。爱别一个男人么？我不知道，我想我是不能的。我从前真是爱我的丈夫，今后不能爱他了，只能冷淡了。

余曰，此女患神经病，最后之结，当然是离婚。

原载一九三七年六月二十六日《晶报》

刺 激

性之刺激，因人而殊，其道不一，但可总括为二：曰声，曰气。声之最要者，音乐与歌曲也；气之最要者，香气与汗气也。昔一男子遇一结舌口吃之妇人而悦之娶之，此声之作用也。又一女子遇一狂吸板烟之贫士而爱之嫁之，此气之作用也。《圣经》中之《所罗门歌》，杰作也，其言性激，除香气声音外，并及体态、双目、皮色、嗜好等等，包括甚广，周到之至，好文艺者，不可不将英译本细读。

大概男子之整洁者及女子之怕羞者，皆多刺激性；污浊者与高声者反之。

原载一九三七年六月二十八日《晶报》

内外篇

未婚之女，多能“自爱”取乐，其主点在核；适人后，则改变方向，求乐不在口外，而在道内矣。昔有一大西女子。年十九岁，体高约四尺五寸，嫁一丈夫，体育家也，年三十岁。女子告其至友曰：“他接近我身的时候，我觉得很兴奋，我多情，我又爱他，不过我完全得不到快乐。他只能激动我，不能满足我。”后经专门医师细细盘问，知此女自十岁起已能“自爱”，故核部甚为发达，及其嫁人后，仍保守旧地而不明移转之方，天欺人乎，抑人自愚耶?

上述故事，言手淫之害也。

原载一九三七年六月三十日《晶报》

离婚之因

离婚有种种原因，或属于性交不满，或属于经济不敷，或属于阶级不同。欲求避免，应知下述各点：

（一）年岁。夫之年岁，不可过大。夫二十五，妻二十二；夫二十七，妻二十三，无不友爱。夫最好长妻两岁至五岁；夫长妻十五岁或十五岁以上者，及妻长夫七岁或七岁以上者，其婚姻罕能圆满，终必破裂。

（二）早婚。未成熟者（即男不满二十四岁，女不满二十岁者）之婚姻，因无经验者一时之迷恋，极易消尽也。

（三）迟婚。结婚之年龄，夫妻皆在四十五岁以后者，或在五十岁以上者，决无好果。

（四）求婚。求婚之期，至少在九个月以上，否则女者不能明男者之思想、性情、习惯、好尚等等也。

（五）教育。夫妻原为终身之伴侣，故信仰要相同，而教育亦不可相差太远。大学生与向导女，汽车夫与大小姐，断然不能到底。

（六）疾病。家庭不是医院，故夫或妻有痴癫病或患花柳病者，彼此当然不能和睦。

（七）败子。谚云“败子回头金不换”，但回头者少极少极，欲赌者总是要赌，欲嫖者总是要嫖。女子决不可嫁品行不端者，冀其改过也。

（八）阶级。娘家太穷，夫家太富；或岳家太富，自己太穷，皆不得成就好婚姻；贵贱亦如此。谚云“门当户对”，此言含有至理。

上述者，全是“外国话”，有适宜于吾人者，亦有不然者，乞阅者注意。

原载一九三七年七月一日《晶报》

月事与性乐

世间女子，至月经终止之时，常自觉不乐，以为万事了矣，其实误也。月事与性乐，两者毫不相关：月断者，乐未必绝；乐绝者，月未必不继也。西洋不继之女，有自尽者，亦有发痴者，此皆无主见，误信人言所致。美国诗豪伊默深①（Emerson）氏云：“人至六十岁时，未必全无春意，盖爱情能使人心振荡，永久不老耳。冰冻之日，难忘炎夏之光，而积雪之下，安知不藏蔷薇之芯耶？”此劝女性虽在老年，不可灰心也。

月事终止，西名“猛纳饱食”（menopause），普通女子总在四十五岁至五十岁之间。

原载一九三七年七月二日《晶报》

① 今通译爱默生。

青年期

人生有所谓“青年期”者，即男自十四岁起至二十五岁，女自十二岁起至二十一岁也。“青年期”西名“阿多雷斯生斯”（adolescence），系内外冲突之时代。期中男女，心猿意马，所欲试行者，皆为环境所不许；进既不易，退又不能，诚两难之地也。数年前，《心之健全》杂志中曾载洪婷同（Huntington）女士一诗，专咏青年女子之困难，兹直译如下：

如此热切，如此饥饿，
而吾人所给者，稀少之污浊面包屑耳，
面包且已经过吾人之手矣。
吾人讲话，彼等窃听，既惊而又疑；
停立片刻，心伤形拙，猛然奔去。

上诗言青年中，女子当受合宜之指导，否则极为危险。今西洋大学添设婚姻科，即此意乎？

原载一九三七年七月四日《晶报》

“师姑”与夜舞

北美土人称其妇女曰“师姑”（squaw）。“师姑”在夜舞时，有任意择人取乐之权。夜舞，土名“活机”或“和气”（watche）。最奇之夜舞，“明义推理”一族（Minnetarles）所时时举行者也。师姑发见其可爱之人，则走近之，以手拍其肩，立即离去，藏身于矮树中，男子追踪而往，实行好事；倘彼不悦此女，另外有心上人，或已满享艳福无力对付之，则可以手牢帖女之胸部，双双重返舞场也。

“活机”或“和气”含：（一）舞乐；（二）性交两义。师姑所择之人，大概是貌美者或勇敢者，可知男子之无才无貌者，吃苦不少。

原载一九三七年七月六日《晶报》

道狭病

道狭病，西名“物具泥塞木塞”（vaginismus），虽女子之犯之者不多，然亦不能谓全无也。从前发生许多恶婚姻，男讥女装腔，女骂男强暴；男者不能入，女者不可纳；偶尔试之，用力稍猛，双方非独得不到快乐，反觉“痛如刀割”，因此互相怨恨，互相怕惧，即使面子上不离弃，暗底里实未结合也。

西洋某妇，结婚六月，尚是处女。夫多学问，非全无性智性识者，妇亦爱之，但一提人事，则双腿高举，周身发抖，夫除忍耐外，别无他法。后经医师检查，知此妇实犯“物具泥塞木塞”之病，即道狭也。

道狭可以治疗，法将“孩门”（hymen）（即处女膜）割除之，并将管道伸展之可也。西方多此种医师，吾国不知有否？

小说载某某娶嫠妇为妻，初夜同房，即被其咬去寸余，此妇恐是患道狭病者，前次嫁人，想未破户；“咬去”当是夹阑之误。

原载一九三七年七月七日《晶报》

给我一杯水

边民女子，看中一男人后，即至其门前或其窗下，向之言曰“我口渴，给我一杯水”。倘闻者不明其美意，而真以流质献之，则彼必微笑而去，因来人之目的并不在水，而在爱也。吾国旧小说中之深夜借火，亦是求婚好合之意。

要水、要火确是求爱之表号，但掷绣球、掷瓜壳何尝不是真切表示！旧时美洲土人，竟有投石子者。

求婚本应由女子开始，男人或从或拒，势顺而事简。今必由阳性发动，且不采间接之表号而用直接之言语，类似买卖交易，一般人都称文化进步，我不信也。

瑞士某作家曰“真爱必以行为现露之，不得以言辞传达之”。今日求婚之男子，往往喜欢问长问短，此岂表明真爱之道乎？后来不睦，即基于是。

原载一九三七年七月九日《晶报》

动情之带

地球表面有热带、寒带、温带之分，而人体之表面（即皮肤）亦分动情与不动情等“区域”。动情之区域，心理学以“动情之带”（erogenic zone）称之。

乳头为女子最能发生感觉之处，胸前摸索长流续续。西土古人云“男子以心爱人，妇女以乳爱人”，非虚语也。其次则为淋巴腺之核，触之如感疾电。他如发间、双目、双唇、舌尖、下巴、颈上、腋下、手心、膝盖、脚底、臀部，各能产生特异之情感，唯以接触轻疾而互异。口含唇吻，亦必移动。复次，主动者必为异性，手更非温不可，冬日手冷，千万不可尝试。舌冷另有道理，非已力所能为也。

西土研究情带者，最初为沙谷（Charcol）氏，后来商柏（Chambard）及费赉（Fere）两氏说理更明。至于毛鲁（Moll）与黑施非理（Hirsfieli）则专重分类矣。

原载一九三七年七月十日《晶报》

耳不在内

五官中除耳外，其余如手、如目、如口、如鼻，皆可用以表达亲爱者也。手能揉摸，目能转盼，口能咬吻，鼻能闻嗅；四者相较，目之力最小，最不确定；手力极强，唯人能之；咬也、嗅也，兽亦行之；至于接吻，西人非独用以传情，且借以行礼也。

西人吻而不嗅，中土多嗅少吻。吻之点不专在双唇，嗅之点亦不专在脸部。蛮族男孩见尊长时，有褪裤请闻宝具之礼，真奇事也。

古时最重接吻者，地中海东岸之民族也。希腊诗人，不提吻字，可知此种亲爱运动原非欧西出产，亦学习而得者也。身毒[1]早知接唇之效用，《香园》中云“湿吻总较急交为佳”，因前者表现精神，后者偏重肉体也。

吻有两种：（一）礼节者；（二）性欲者。地点或在手，或在口，或在脸，或在额，视事之轻重、人之亲疏而定。西方翁媳初见面时或久别，彼此接吻；吾人于此相互鞠躬而已；

---

① 身毒，印度的古译名之一。

倘反其道而行之，则中西或受非礼，或受冷淡之讥矣。

正式之嗅，有三个步骤：（一）鼻孔与脸相接；（二）数秒钟之吸气，继以眼皮之下垂；（三）主动者之唇发一急鞭之声，但不必紧接爱人之脸。急鞭之声，即“腮满克”（smack）也。

原载一九三七年七月十一日《晶报》

爱之象征

象征（Symbolism）者，行为或事物之可作为表号者也。爱之象征，意即因爱其人而爱此种表号也。甲男爱乙女，由此而爱其衣服或步态；衣服与步态，爱之象征也。

爱之象征，可分为三大类，如下

（一）人身各部

（甲）合常规者：手、足、乳、臀、发、分泌、排泄等是也。

（乙）离常规者：跛足、斜眼、麻面是也；爱小孩、爱老人、爱死尸、爱禽兽，亦是也。

（二）无机物

（甲）服装：如手套、鞋袜、袜带、便帽、围巾、手巾、衬衣是也。

（乙）身外之物：爱人所常用、常玩之物，属于此类。

（三）行为与态度

（甲）自动者：如鞭打、虐待、露体是也。

（乙）被动者：如被鞭打、被虐待是也。体气及声音，亦可归入本类。

（丙）观视力：如见人爬高山，见人打秋千等是也。喜看小便、喜看兽交，亦属此类。

原载一九三七年七月十二日《晶报》

毛与智

凡不应生毛之处而蓬蓬松松者，其人决然愚鲁，在阳性然，在女性尤甚。法国医师符洼生（Voisin）氏，曾经检查痴蠢体弱之女子一百五十名，见人人多毛，且皆不在平常之处；内一人，乳头轮（areslae）上满是浓毛，古怪之至。男孩之痴笨者，发育必迟；女孩则不然，智识短缺者，展发反速，春意反猛。

德人赫凯（Hegar）氏，曾见一年十六之女子，满面皆须，而乳际、腹上、阴部、双腿，又到处是毛，但月经不准、双乳不高、性具幼稚、子宫短欠，可知女子多毛，不是发育完全之证。

受孕之妇，有面上生毛者，此子宫不健之暗示也。英人雷高克（Laycook）氏谓女子生须者，鲜能生子。

女子之须，大概浓而不硬，其色颇似胎毛。

原载一九三七年七月十三日《晶报》

强健之孩

社会不论大小，其所需要者，强健之男孩女孩也。孩者，母生之，故不得不注重孕妇。

孕妇所不可缺者，休息也。分娩以前之三个月内，决然不可做劳苦之工作。西土工厂林立，而女工之子女，每多夭亡者，大半因产前不能安心静养之故。现经医师查明，凡产前能休养三月者，其所生之孩，健而且肥。

孕妇不宜饮酒，不宜多食，但所食之物，非含滋养料者不可；关于性交一点，医师之意见不一，有谓非绝对停止不可者，有谓两月前始不可为者；余以为初时最易造成畸形，后来最易致成小产，皆不可不慎。孩儿为一国之基，保护于孕时，似较教育于产后为易，且功效较大。近来西洋发明“普力克周”（puericulture），即吾国胎教之意。

原载一九三七年七月十四《晶报》

择配偶

人之五官，可借以选夫择妇者，唯目而已。其他如耳、鼻、口、手，均无用。目之所司为视，身体之高度、皮肤之黑白，非目不足以见之。尺寸与颜色，据余知之，为现今人类选择配偶之要素。体高者娶体高者为妻，或嫁体高者为夫，名曰对等选择；体矮者娶体高者为妻，或嫁体高者为夫，名曰不等选择。两种选择，多年前英人施悌德（Stead）氏曾研究之，其所制统计表，翻译如下：

表一（体高）

甲（妇女）			
高女择高男	八人	高女择矮男	无
矮女择矮男	无	矮女择高男	四人
中女择中男	无	中女择高男	一人
（以上对等选择 八人）		（以上不等选择 五人）	

乙（男子）	
高男择高女　六人 矮男择矮女　无 中男择中女　三人 （以上对等选择　九人）	高男择矮女　无 矮男择高女　无 中男择高女　八人 （以上不等选择　八人）

依据上表，可知二事：（一）对等选择较不等选择为多，（二）不论男女，无自以低矮为美者。

表二（颜色）

甲（妇女）	
洁白女择洁白男　二人 黑色女择黑色男　一人 （以上对等选择　三人）	洁白妇择黑色男　四人 黑色女择洁白男　一人 （以上不等选择　五人）
乙（男子）	
洁白男择洁白女　二人 黑色男择黑色女　七人 （以上对等选择　九人）	洁白男择黑色女　三人 黑色男择洁白女　四人 中等男择黑色女　一人 中等男择洁白女　一人 （以上不等选择　九人）

依据上表，可知英人多喜择色黑者也。

原载一九三七年七月十五日《晶报》

妇女与强力

罗马诗人伍惟德[①]曰“女子皆喜好暴力者。来强奸者，彼等虽与之挣扎，然心中实未尝不感激也。”伍惟德（0vid）生于纪元前四十三年，卒于西历十七年，原文见其所著之《情术》第一册。

身毒国《爱经》之某章，专言打击之法，谓背、腹、腿、臀，皆其地也，事前行之，无不兴高多倍。《爱经》著者，名法济药耶拿[②]（Vatsyayana），英译本易得，法译本最佳。

由此可知，古时东西妇女皆好受人打者也，但近代亦然。法医师席纳（Janet）转述某女病人之言曰：“我的丈夫太好了，太爱我了，他全不能使我受一些小痛苦。但是，未曾受苦，焉能生爱呢？”复次，某奥国女，常将某未婚夫鞭打；一次，男恨极，执其双臂猛然回击，女笑而言曰：“好了，好了，我们二人真真亲爱，真真一对好夫妻！”成婚之夕，女之全身多是伤痕，但颇觉欢乐也。

原载一九三七年七月十七日《晶报》

① 今通译奥维德。

② 今又译筏磋衍那、华希雅雅娜等。

主要与次要

两人分女子之美为两类：（一）主要，（二）次要。兹先述第二类，即次要之美也。

次要之美，有三十二点如下：（一）骨架柔软，（二）胸乳圆拱，（三）骨盆宽大，（四）头发丰长，（五）“公毛”[①]低狭，（六）腋下毛稀，（七）身上无毛，（八）皮肤细嫩，（九）头盖圆形，（十）脸面不大，（十一）眼窠不小，（十二）眉高且细，（十三）下巴低小，（十四）腮颈渐接，（十五）颈部正圆，（十六）腰部细小，（十七）手小指长，（十八）肩部圆形，（十九）锁骨直小，（二十）胸部长小，（廿一）腕节细小，（廿二）□骨凹形，（廿三）臀部圆拱。（廿四）颊骨生靥，（廿五）大腿丰满，（廿六）“裆”成钝角，（廿七）膝盖柔软，（廿八）小腿形圆，（廿九）足踝细小，（卅）足趾不大，（卅一）二长三短（指足趾言），（卅二）门牙阔大。

上述三十二点，即次要之美，译自德人施察之（Straiz）

① 指阴毛（Pubic hair），Pulbic与public音近。

之《女子人身美》一书，出版于一九〇三年。

女子主要之美，只有一点，据余所知，世有喜观之者，亦有不喜观之者；有称此美丽者，亦有称此丑恶者。昔西土有一名士，鞠躬而视，数时不倦；另有一人，非独视之，并且吻之，且每次行大礼之前，必先作此小礼，否则不乐。总之，主要之美点，原是爱之中心，爱之重心；不以为美，不喜观之者，轻视之也。所以轻视之之故，因其有排解之副作用也。天之选人，于此似过于经济矣。

原载一九三七年七月十八日《晶报》

大鼻子

古今中外，都喜以鼻为标准。罗马诗人伍惟德（Ovid）曰：“人之活力，由其嗅官而知也。”中世纪时，西土不贞之女莫不以此为准则而择其对方；据私人记录，满意虽多，然失望者亦不少也。十六世纪时，英人深信鼻长之女性力猛烈，诗人马辛泽（Massinger）曰：“彼鼻也，观其长短，足见夜间之风浪矣，余不得不尽力应付之。”马氏生于一五八三年，卒于一六四〇年，原诗见其所作之《东方皇帝》篇。

鼻度与具度是否人人相称，今日尚无定断，但科学家确已查明两者有密切之关系，例如男孩在发育期中、女子于月经期间，易出鼻血是也。

原载一九三七年七月十九日《晶报》

男同性爱小说

言男同性爱之小说，英法德等国文字均有之，兹择最著名者数种，开列于后。此种书籍，大概不易得，且价值巨大。书名如下：

（一）英语写成者

（甲）《弟姆（*Tim*）》，著者司徒济世，出版于一八九一年，述一幼孩与一年长者相好之甚，前者早死，后者痛惜之。

（乙）《贾世伯·乞施假妈》（*Jasper Tristram*），著者葛劳克，出版于一八九九年，亦言两孩互悦事，文笔极佳。书中之“主人翁”曾爱一女，因其貌似男子也。

（丙）《花园之神》（*Garden God*），著者李德，出版于一九〇五年，故事与上书相同，文笔亦美。

（丁）《意默》（*Imre*），著者美国人，不用真姓氏，而用“柴味梅”之笔名，述两成年人之爱，一英国人，一匈国军官。

（二）法语写成者

（甲）《不道德者》（*Immoralist*），著者席德。

（乙）《法赉德夫人》（*Madame Valitte*），著者赖基德。

（丙）《高老顶》（*Claudine*）丛书，著者韦立。

（丁）《爱施客尾格》（*Esca-Viger*），著者比国人伊葛化德。此书多惊人之事，惟传世不多。

（戊）《衣露》（*Elu*），著者艾施伯。书中富动人之语。

（己）《吕西安》（*Lucien*），著者平耐法默，出版于一九一〇年，此书对于同性之癖好，完全不表同情。

（庚）《青春感情》（*Les Adolescenis Passionnés*），著者诺德尔，专言法国学校之童子。

（三）德语写成者

（甲）《从一男子之处女年而来》（*Aus Eines Mannes Madchenjahren*），著者包悌，盖自述也。

（乙）《新气候》（*Der Nene Werther*），著者诺嵇素士，亦自述也，出版于一九〇二年。

（丙）《少年巴拉图》（*Ein Junger Platos*），著者顾乐庭，出版于一九一四年。

上述之书，皆主要者，且在二十年前出版者，近来想必更多，但全无记载。

原载一九三七年七月二十日《晶报》

阉（又）

阉之英语曰“割势折丁”（castrating），汉书作“男无势精闭者”解。古昔罗马人最注意阉割之事，计分四个等级，兹说明之如下：

（一）“割势着底”（castrati），此最重最全者也，柄与双丸同时并去；

（二）“势不同时”（spadones），此去丸而不去柄，罗马阉者都属此类；

（三）“底里毙矣”（thlibioe），此将双丸轧碎，唯不除去；

（四）“脱落腺衣”（thlasioe），此将输精管割断，唯柄与双丸全无损伤。

上述者，节自法人米兰（Millant）氏所著之《犯罪与发狂之阉割》，出版于一九〇二年。

据米兰氏云，第二类之“势不同时”，倘手术施于成年之后，仍有性事之可能，罗马贵女，往往悦之。昔日之李莲英，想之属于此类。男子丸柄之功用，与妇女之卵巢相等；妇女因病除去卵巢后，其性欲有较旧时更甚者，可知缺性源者，未必无性欲。阉宦嫖妓，实可能也。

（注：四级之西字，皆拉丁文也。）

原载一九三七年七月二十三日《晶报》

妇女不育之因

妇女嫁而不育，有种种原因，下列者，现经西洋著名医师查明者也，凡欲得子者，不可不知之：

（一）夫妻不睦，（二）性交过度，（三）女体太肥，（四）滥用洗药，（五）性具不称，（六）成婚太早，（七）阴汁酸性，（八）饮食缺少，（九）欠缺运动，（十）生活不定，（十一）阴门发肿，（十二）子宫发炎，（十三）性交作痛，（十四）卵巢不健，（十五）宫位不正，（十六）神经衰弱，（十七）饮酒过量，（十八）精不抵巢。

除上述者外，尚有多种，因性质专门，非医师不明，故不转述于此。

原载一九三七年七月二十四日《晶报》

男子不种之因

男子有不种者，其主因有十，如下：

（一）性交过度，（二）蝌蚪稀少，（三）精不健康，（四）睾丸发炎，（五）曾患白浊，（六）摄护腺[①]炎，（七）蝌蚪不进，（八）软骨不展，（九）饮食不足，（十）精管发炎。

除此之外，凡曾经爱克司光医治睾丸者，亦多不种。

原载一九三七年七月二十六日《晶报》

① 今通称前列腺。

人皆羞怯

人皆羞怯，故边民亦知以物蔽其隐处。至于言语之涉及性器者，无论开化、野蛮，莫不远兜远转以表达之。澳洲后土邦中部人民，称阴宝曰“空夹”(kooja)或“破开儿”(pukkil)，但于大众之前无用之者，非改称“美耐”（ mene ）不足以见出言者之文雅多礼也。英人之“皮腻细”（阳）及“物健纳”（阴）虽在妓院中亦无人道及之。情人间之通用名词，往往为一“性”字，即“湿克势”（ sex ）也。

人类又因羞怯，不愿直提月经一事。医师问人“来得准么”或“天癸怎样”，一般人之“特别戒严”“关铁门”“骑马”，皆特意采用之寓言也；古昔罗马人称此为“开花”，意国村媪名之曰“玫瑰花圈”，德人则曰“我收到一信”，或曰“表妹或姑母到了”。最怪者，意国贵妇之“大侯爵”也。

世间许多事，皆可实行而不可直言。羞怯也，即礼节也。

原载一九三七年七月二十六日《晶报》

“无骨之孩”

某人之妻，不爱其夫，而悦其小姑，二女相约私奔，后生一子，周身无骨。夫访得姑嫂之住所，杀其妻，并杀其妹。

上述者，似为“悲剧”，实一女同性爱之故事也，出自北美洲古时之土人。生子无骨，全然反背科学，不可信也。但女同性爱，世间极多，据说所谓“十姐妹”者，即属此类，不过吾国公家无调查，私人无自述，余不敢判其是与不是。

下述者，亦是北美土人的故事也：

古时有二女子，至友也。同时有二男子见而悦之，意欲与之接近而竟不能，奇之，甲男曰：“彼辈绝非无情之人。”乙男曰：“待我细察彼等之行为。”

某夏日之晨，二女同时外出工作，即剥树皮也。二男暗暗随之，不使之见。初皆勤于修削，嘶嘶作声，不久静息，两女裸而并卧，俨如伉俪。甲男谓乙曰：“彼辈何为耶？速往观之。”

二女见二男近身时，即起而哀求云：“万万请不闻于人，吾等所以为此者，实因一种内迫，非得已也。”据云，二女中之一人，后生一孩，全身柔软，一如出骨甲鱼。女同性爱，西土学校中与监狱中行之者最多。中国全无考查。

原载一九三七年七月二十七日《晶报》

两个贞女

下译者，嵇德革（Chideckel）医师之言也。所谓贞女者，即年长而未尝性交之意，两女姓氏不详，皆美国人。

（一）

甲女年四十七，月事行将终止，彼初害羞，不肯讲话，后云：多年之前，彼曾爱一男子，且曾与之订婚，三星期后即破裂，因此人欲先行交易也。"余恨此人，并恨一切男子。"现在颇有嫁人之意，但认识者只一文雅君子，"他待我甚和气，总像待他的姐妹一样，总是规规矩矩的，我心中颇多欲望，问如何可以克制之。"余无意中误触彼手，而彼已呈现"情不自禁"之象矣。

（二）

乙女年三十一，每夜必有情梦。从前一医师曾吻彼一次，后来全无此种事情。旧时彼之性欲，彼能克制之，但一年以来，似乎日渐失去自主之力矣。"余之至友，均已适人，他们常常在我面前讲他们的性史，我颇觉不舒服。"

上述二女，初皆能自制者也，但不能到底者何故？曰，性欲人人所有，应于相当之时展发之，不宜禁阻也。

原载一九三七年七月二十八日《晶报》

天方美女

天方国人之美女观念，可总括如下：发长，几乎及地；面白，夜间见之似乎天上一月，地下另有一月也；腮色俨如牡丹，白里泛红，红里泛白；鼻直如刀口，唇作珊瑚之色；舌发动人之音，涎沫较葡萄汁尤香；至于胸部，则诚妙矣，色为真象牙，形成小圆豆，适合一手五指之范围，上天造人奇哉伟哉！腹上有纹，似为古代文字，整齐可爱，惜世无明其义者；行走时，腰部似有弹性，似有伸缩性；臀部必重，然易坐易起，真活泼惊人；臂部下，则为大腿，结实且直，色近赭石；小腿不粗，脚更细小，未知何以能负全身之重量也。

上节译足本《天方夜谈》中之一段。

英国兰恩（Lane）氏，曾将天方国人所好于女子者作详细之分析，如下：

（一）色黑之物四：头发、眉毛、眼毛、瞳子也。

（二）色白之物四：皮肤、眼白、牙齿、小腿也。

（三）色红之物四：舌头、双唇、两腮、牙床也。

（四）形圆之物四：头顶、头颈、前臂、脚根也。

（五）形长之物四：背脊、手指、臂把、小腿也。

（六）形阔之物四：额角、双目、胸部、臀部也。

（七）形细之物四：眉毛、鼻子、双唇、手指也。

（八）形厚之物四：股部、大腿、脚根、膝盖也。

原载一九三七年七月二十九日《晶报》

德人之美

许尔兹（Schultz）氏，描写十二世纪与十三世纪间德国人所最喜悦之女子，其文之大意如下：

身体纤细，不长不短。发光亮如黄金，长而且卷；黑色者，不美观，无人喜之；发与发分开之间，头皮要白，缝道要细。额要阔，色要白、要光滑、要形圆而无皱纹。眉毛之色黑，自成弓形、不阔，似以铅笔画成者。双目发光，其形不大不小，以绿色为最上。鼻直不弯，尺度中中。两腮白中带红，全白者应涂以胭脂。口要小，唇要丰满而红。齿要小，要白，要平齐。下巴要白嫩，要圆状，要有靥，要可爱。耳要小，颈部要软，要无斑点。臂要小，手指要长，关节要不大，指爪要常常修饰。胸要白而大，乳要高而圆，成苹果之形，唯小而且软。身体纤细而活泼，股部肥圆，大腿白嫩，阴阜棕色，小腿直而丰满。双足小而不阔。周身皮肤要光明白嫩，且附带红光。

除许尔兹氏外，又有范好德（Weinhold）者，亦研究女性美，彼谓德人与法人同，喜见灰睛（gray eye）之女，而不好绿眼之女也。

原载一九三七年七月三十日《晶报》

“火　焰”

“火焰”二字，译自意大利语之“夫来么”（flammo），隐含二义：（一）友爱，（二）情人。“火焰”通行于女校中，系女生与女生间之一种特异之交情也。

“火焰”之进行与恋爱之进行，颇多相似之点。甲、乙两生，一有丈夫气，一作温柔态；前者求爱，后者不抗；前者赠物，后者受之，而“火焰”成矣。“火焰”与普通友爱不同，求爱者与被爱者，不必同行同止、同食同眠，只要写写情书，送送礼物，互相羡慕，互相见面而已。总之，“火焰”只表露抽象之情好，而不实行肉体之相触，大概“发火”者是走读生，“着火”者是寄宿生也。

西洋女生，百分之六十均有“火焰”之交，余者或因面貌丑陋，或因异性恋爱，故无此种关系。

下列者，“发火者”（主爱人）语“着火者”（被爱者）之言也：

我爱你，我一见了你就爱你。你身体真美呀！真白呀！我把手指抚弄你的头发时，或我吻你的肥

脸时，我真快乐，我真安慰。我的身体，非有你做

灵魂不可。

“火焰”中人，闲谈必长，信札必多。复次，“火焰不是女同性爱。

原载一九三七年七月三十日《晶报》

美男子

一八四二年，爱尔兰博古学会之刊物中曾载一文，言男子之美，兹翻译之如下：

> 彼辈见一大英雄之来临，体健美且魁伟，较常人强大，目色比冰更绿，双唇比樱更红，齿色比珠色更白，皮色与雪色相等，手持双刀，象牙作柄。嵌以黄金，其护身之盾亦以黄金镶边，此外别无武器。彼发金黄，面现红光。

上译者，系《屯诺兀之宴》之一段。英语译者，名讴唐纳文（O' Donovan）也。

原载一九三七年八月一日《晶报》

日本美女

英人米得福（Mitford）曾研究日本女子身体之美，其辞可翻译如下：

女年二八，美丽无匹。身体不肥不瘦，不高不低；面形椭圆，似一瓜子；皮肤洁白，光滑无斑；眼狭而发光，齿细而齐整；鼻作鹭形，唇色鲜；眉毛细而不浓，头发长而且黑；出言谦逊，声音柔和；笑时两靥微露，走时步态端整。

上段译自米氏所著之《旧日本之故事》。又，一八九〇年二月十五日出版之《刃针》杂志中，称古时日本美女面白、颈细而长、胸狭、腿细、脚小。再，包鲁士（Balz）谓日本美女身细面白，神秘之至，不可思议。

原载一九三七年八月二日《晶报》

裸睡

据李佩德（Lippart）氏言，女子裸睡之风，冰洲、诺威、百灵[①]等处至今实行。又数年之前，意国某城之小屋夜间着火，内有二年轻女子，一因觅衣焚死，一白身跳出，得免于难，可知裸而睡者，世间尚多也。

一六五八年，波兰军官名巴萨克(Passek)者，在丹麦作战，查得该处人民自出生起至死亡止，无不裸睡者；且不论男女，在众前脱衣换裤，全不视为奇怪也。有讥笑之者，彼等曰“四肢与全身，系上天所选，他人可看我，我亦可看他人，有何妨碍耶？有何羞耻耶？且内衣与外衣性质本来相同，外衣在夜间既然应该休息，内衣亦当以平等之法待之。衣服未免有蚤虱等等，何必带至床上耶？”

原载一九三七年八月四日《晶报》

---

① 今通译冰岛、挪威、柏林。

尿有魔力

尿有魔力，可以起死回生，此旧时之迷信也。柏施（Boas）氏述一北美土人之故事云：“一妇将自己少量之尿，给予其情人，并告之曰，以此数滴灌入死尸之目中或耳中，当可立时苏醒。”又德人施德恩（Stern）氏于其所著之《土耳其之药》中，谓回妇以自己之尿和入酒内，使丈夫饮之，则不忠者必能觉悟也。再，马希世（Martius）氏称巴西国初民，非独以尿为激发爱情之妙品，其他排泄物亦有相等之功效。由此观之，可知此类迷信，非偏行于一地，实周行于全球也。

或者问，吾国有此种迷信乎？曰有之。昔时下流娼妓将骑马布暗悬于门帘之上，客人之于其下经过者，性虽倔强亦莫不贴贴服服，按日来临也。此事余于某小说中取得。

原载一九三七年八月五日《晶报》

肾与心

肾脏与心脏孰为重要乎？曰心脏，因心不可去，而肾可割也。但世人有以肾为“感觉之源”者，亦有称为“灵魂之镜”者。犹太人不说“汝已得我心矣”，而曰“汝已得我肾矣”。依此，则肾较心更要矣。

肾脏较心脏更为重要、锐感一些，凡一言一动稍含刺激性者，肾脏无不感受之，此事已由医师查明。法为将导尿管（catheter）通入膀胱，再以皮管接于体量测验计，肾脏一切感应无不立时现露。医师现又查明，膀胱排斥之力，神经衰弱者力小，海中沐浴后力大。手入冷水，生放尿之意，或因性意而勃起亦然。日中尿多，夜间尿少；星期日工作少，思想不凝聚，故尿不多。星期二则加增至极点。每年（阳历）秋季为最低之时，夏季最后一月，即八月为最高之时。尿喷射之距离，最远七十五英寸，平均四十八英寸。妇女不易量，但绝不能超过七十五之数。

复次，灵敏之人，其肾之感应极疾；痴愚之人不易反应。

原载一九三七年八月六日《晶报》

恋爱公堂

西历十二世纪时，法国有一种所谓恋爱公堂（Court of Love）者，讨论男女间一切重大问题，列席者，皆贵族也。

一一七六年之某日，商本（Champagne）男爵及其夫人提出一问题，付众人研究。问题云：“恋爱与婚姻，是否投合？”即恋爱与婚姻是一件事还是两件事，是互相投合还是彼此背反也。

当时发表意见者，只商本男爵一人，彼云：“恋爱与婚姻是两件事，不相投合。余羡慕并尊重已结婚者之亲密，但不敢以恋爱称之。恋爱者，有阻碍件，含秘密性，为一种默窃之恩。成夫妇者，公然直认其关系，全不隐留，全无抵触，无所谓私情，即无所谓恋爱也。”

到堂之女众，于慎思熟考之后，均赞成男爵之论。

上故事，见皮道立（Bedol'iere）氏之《法国人民风俗史》第三卷，三百三十四页。

后人黎白（Ribot）氏，于其所著之《感情论》中，批评此事云：“中世贵族结婚，大多数系契约性，不含道德性，所以无恋爱，所以恋爱与婚姻不相投合也。”可知男爵之言，不足以概括现代矣。但近来不满之婚姻甚多，何故乎？曰，结合时，只有烈情，本无所谓恋爱也。

原载一九三七年八月七日《晶报》

咏宝之诗

幼时偷阅弹词《三笑姻缘》，内有两语云“溪中泉滴滴，户外草栖栖”，知是咏宝之诗（《三笑》已多年不读，且手头无书，引句恐有误字）。后习西语，见此类韵文不少，且皆出于名家之手也，兹翻译数行以为实例，如下：

示我以阜兮，
爱神含笑而栖止；
下有活泉兮，
随时流动而不息。

上译者，系英国诗人黑力克（Herrick）原作，见其所著之《咏悌媛歌》也。西方诗人又喜以玫瑰（rose）比宝物，而谓下有溪水保护之也。黑力克氏生于一五九一年，卒于一六七四年，系诗人之最明性心理者。旧约《所罗门歌》第七章第二节云“脐如圆盂，感以酒醴”，脐实指宝，酒醴则指内汁而言。

原载一九三七年八月八日《晶报》

古今皆然

目下学校中或家庭中所睹行之女同性爱，不是新发现，古时已有之。巴拉图[1]半庄半谐之性论，即见于其《欢宴讨论会》者，几乎直言此事之盛行，而一七二一年奥国伯爵夫人费（Vay）氏一案，更足以证实之。费氏借假具之力，鸡奸其“妻”，后被控审实，受刎颈之刑，死时年二十七岁。据某天主教信徒言，女同性爱较男同性爱为多，三与一之比也。

世界最著之女同性爱者，有女王、女优、艺术家及宗教家等等，兹将其名开列于后：

（一）黑吉婆修（Hatshepsu），埃及女王也，史称“世间第一女子”，好行男人之行，好服男子之服，有时竟装假须出外游玩。

（二）喀瑟林（Catherine）二世，俄国女王也，彼爱同性，又爱异性。

（三）克利司体纳（Christina），瑞典女王也，行为几

---

① 今通译柏拉图。

乎与男子相同，恐亦是双性兼爱者。

（四）白拉伐芝基（Blavatsky）太太，又米吉儿小姐，皆宗教家也，有男人之性情。

（五）彭耐（Bonheur），美术家也，女扮男装时无人注意之。

（六）萨福（Sappho），希腊女诗人，其作品之美，几于胡模[1]（Homer）相等，但彼所咏者，皆涉及性交者，多数史家称彼为妓女。

（七）女优皆同性爱者，其名极多，不便开列。

不久之前，小英君意欲收集女同性爱之材料，余近得西洋女子自由史多则，他日有暇，当译之以供本《晶报》。

原载一九三七年八月九日《晶报》

① 今通译荷马。

雷依时之美

西历五世纪时，有文豪名阿则势体义多思（Aristaenetus）者，曾在其《手札》之首篇赞誉其情妇雷依时（Lais）之美，兹翻译主要者之一节如下：

> 彼双腮白色，而以玫瑰之荣光和合之；唇薄，其色较腮尤红；两眉墨黑，中间断而不连；鼻直，却与双唇相互成天然之卷，类似风信子（hyacinth）；颈色白，不长不短，与头相称，围之以珠串，其美毕露，珠串上有闺名，隐约可见；身材高，衣服入时，有衣则见其装饰之美，去衣则见其天生之丽；彼之步态，轻而缓，齐而不疾；立定时，俨然如微风吹打之松柏也；至于高耸之胸，外蔽以紧束之衣，则非我所能形容矣；彼四肢柔灵，出言巧妙。

原载一九三七年八月十日《晶报》

艺术乎？

恋爱为艺术乎？抑为疾病乎？如为艺术，应修养之，如为疾病，应治疗之。欧洲自罗马诗人伍维德[①]（Ovid）起，无以真正恋爱为艺术者。伍氏所言，全是欺骗妇女离开家庭，不是劝诱妇女组成家庭。奸夫之事，非丈夫之事也。后来耶教盛行，视恋爱为疾病，主张制欲，主张苦行，故上流文家绝无著书以言恋爱之艺术者，而古人所著之书，同时散佚。

据苏得时（Suitas）云，古人名米李多思（Miletue）者曾著一书，言恋爱之术，共计十四巨册，今已失传。又法人蒙德恩[②]（Montaigne）于其论文中，提出古本恋爱术之书现已佚亡者多种。德人包奇（Bloch）亦提及女作家之好谈恋爱之术者甚多。十六世纪初出现之《香园》，可称近世最完善之恋爱艺术书也，但属于回教而非属于耶教，属于亚洲而非属于欧洲者也。

《香园》之开首云："伟哉天之造人也。男子之乐尽在

① 今通译奥维德。

② 今通译蒙田。

妇女天成之处；而妇女之乐，又在男子天成之处。伟哉天也，我人应时时赞美之。”

原载一九三七年八月十一日《晶报》

不穿裤

有双脚管，自下向上拉者曰裤。古时西土，惟男人穿裤，女子则不穿。女子穿裤之风，始于十四世纪之末，且只限于法之皇族及多数妓女，民间并不盛行。

古时西女所以不穿裤者，一因太像男人，二因太近娼妓，不贞洁、不规矩之表现也。十八世纪之初，法国一老妇问一幼女曰："姑娘，你穿裤子么？"女大怒，答曰："老太太，你想我穿裤么？我是好人家的小姐呀！"十八世纪之末，英国尚无穿裤之女子。英女穿裤，于一八五〇年后始行之，此事见翟尔德(Tilt)所著之《卫生原理》,出版于一八五二年。又，一七七一年出版之《女衬衣之术》全不提及衬裤。一七八三年出版之《巴黎之景》，谓除女优外，巴黎妇人皆不穿裤。

裤有脚，自下拉上。不穿裤者，以裙代之。裙无脚，前后围住。西方考察家谓女裤之制起自东方，而由意国输入欧洲也，未知然否。

原载一九三七年八月十二日《晶报》

己身爱慕

世界有一种男女，常自羡其身，用镜自照，且自言自语曰：“我真美呀！皮肤何等白耶，身体何等直耶。我裸体在镜中观看，真是满意。我要吻它，我吻它的面、它的唇、它的胸、它的臂……”实行此主义者，名曰“那西斯帝”（Narcissist），即自身爱慕主义者。

“那西斯帝”一字源于“那西失斯”（Narcissus），人名也；有美女名娥哥（Echo）者，钟情于彼，不得于彼，不得其怜惜而死，神罚令与泉中之自身映像发生恋爱，因而憔悴，变为水仙花，故普通字书中“那西失斯”作水仙花解，此希腊神话也。

英诗人米尔登[①]（Milton），言人类之老祖母夏娃（Eve）亦喜阅己身。其诗之大意，译成散文如下：

我于无意中行至彼处，在青草之河旁坐下。向清洁平静之河中一看，见另有一天，再俯身细视，

① 今通译弥尔顿。

对面发现一形，我即退来，彼亦退去。我意欲再看，
彼亦归来，而现询问之状，又表同情，又表亲爱。
我以目注视之，且心中有一种妄愿，当时我似闻惊
告之声云：“汝视何物？”汝所见之美体，即自身也。
汝来彼亦来，汝去彼亦去。

上译者，夏娃告亚当（Adam）之言也，见米氏所著之《天堂失去》之第四卷。

原载一九三七年八月十三日《晶报》

兽能自爱

兽独居无伴侣时，亦不能免去性感，此世间大多数人皆知之，但吾国罕有考查自助之法者，故书籍或报纸全不提及。西土常有此种记载，兹择重要者翻译如下：

（一）

雄马自扑，直至兴尽始止，同时双目紧闭。唯不用前足为助，后足亦固定不动。

（二）

雌牛雌羊，贴近物体而擦；雄牛雄羊，则“坐”下用前足为助，雄羊有用口者。

（三）

雪貂觅不到伴侣则病，倘以光滑之石子投之，则持以自磨，而健康回复。但首次极灵，第二次无效。

（四）

牡鹿贴树木石磨擦。骆驼亦然，唯任何物体皆可，不必树木也。象则用双腿自行紧迫。

（五）

熊与熊互相舐吮，猫狗有舐乳者。

（六）

雄猿最能自助，或擦或扑，皆以前足。

原载一九三七年八月十四日《晶报》

性史之师

新年出版秘书之最著名者，《性史》也。

《性史》共十五集，目下可得者，不过十集，内以第一集为最佳，二集尚可观，三集以下似皆摹仿之作，全不精彩。

性史有师，非张“博士”[1]所特创。性史之师，即英国心理学大家艾礼司[2]（Ellis）是也。艾氏生于一八五九年，著有《性心理之研究》四大巨册，内含男女性生活史数十篇，皆奇文也，他日有暇，当翻译之。

继《性史》行世者，有《花魔》及《色魔》两种，其词句太呆板，缺乏故事性，阅之无味。前年某君印行之《银梨花下》及《昭阳趣史》两种，用大铅字排，用道林纸印，真秘书之杰出者也。

上海“毕三”先生兜集之秘书，有二十余种，大半皆为余所获得，或已见者。兹将其名开列如下：

（一）《牡丹花下》，（二）《佘美颜女士津游记》，（三）《淫国秘记》，（四）《控鹤监秘记》，（五）《老蟹横行

---

① 指张竞生

② 今通译蔼理士。

记》，（六）《销魂怪谈》，（七）《桃花庵，迷人洞》，（八）《肉搏之战》，（九）《肉里魂》，（十）《肉味》，（十一）《风流浪史》，（十二）《迷楼秘记》，（十三）《性友》，（十四）《性艺》，（十五）《悉史》，（十天）《杏花天》，（十七）《株林野史》，（十八）《情海奇缘》，（十九）《性乐界》，（廿）《淫妇秘记》，（廿一）《污史》，（廿二）《神秘之窟》，（廿三）《鑫史》（按：此即《素女经》之演义）。

上述二十三种，皆铅字排印本，错字极多，纸料亦不佳。此外尚有小字石印本，如《情中奇》《观音庵》《蜃楼志》《多妻宝鉴》等是也。《多妻宝鉴》，言杭州张忆春事，其名虽似《金瓶梅》，实则非是。

原载一九三七年八月二十三日《晶报》

假具

妇女之“自爱”者，多用假具。假具有正式者与非正式者之分：正式者，用某种物质制成某种形状与尺度；非正式者，或针或果，临时取用也。兹先述正式之假具。

旧时假具，以日本所制者为最精，名曰“铃之球”（Rinno Tama），大小如鸽蛋，用金属薄片造成，共两枚，一空心，即球也；一含水银或细丸，即铃也。两者先后塞入道内，再以腿紧夹，自成乐趣。日本另有一种，名曰“演技”（Engi），泥制或纸制者也。

英国古时所用者，皆玻璃质，其名似为“底儿倒儿”（Dildol）。法人所用者，亦玻璃质，名曰“安慰机”。德国古名曰“双档失”（samthanse），惟富贵之家用之。旧时法人私售，英人公开。假具又可以象牙制之。近世法人所售者，皆橡皮质，色淡红，形似真物，空心，能藏温乳，于相当之时按住机关，即能滴滴射出。

吾国之名曰“角先生”，大概以树胶制成，体柔软，色深红；又有一种以绸缎缝成者，用时必先取被温水浸软之木耳塞满，否则无力且无温度。

非正式之假具，以香蕉、黄瓜为最普通。但性烈者，亦采用萝卜。西土竟有采用下列各物者：（一）铅笔，（二）封缄蜡，（三）棉花卷，（四）帽针，（五）瓶塞，（六）编织针，（七）蜡烛，（八）香水瓶，（九）鸡、鸭蛋，（十）食叉，（十一）牙签，（十二）牙刷，等等。

原载一九三八年一月十二日《晶报》

"拉　夫"[1]

恋爱之西语曰"拉夫"或"捞夫"，一种极广大、极复杂之情绪也。英儒施宾塞[2]（Spencer）曾分析之，计有九个原素，如下：

（一）性之冲动，属于身者，而不属于心者；

（二）美之感觉；

（三）亲近；

（四）羡慕与尊敬；

（五）自重；

（六）称赞；

（七）独占之感觉；

（八）广阔之自由行动，而无身体之拘束；

（九）高尚之同情。

上面分析，见斯氏所著之《心理学原理》四卷八章。斯氏生于一八二〇年，卒于一九〇三年，其《群学肄言》一书，有先师严几道汉译本。

原载一九三八年一月二十七日《晶报》

---

① 英文Love音译。

② 今通译斯宾塞。

妙 气

男子之肉体能发一种香味，颇似树林中新鲜空气，希腊人称之曰：phndike xcotos，即“肉体之天然妙气”也。肉体妙气，常为热爱之媒介，而尤为男同性者所宝贵。昔时意国侯爵某，与傍泥法觉（Bonifazio）友善，一晚，侯爵先下床，见傍泥解而未缠压于裤下之丝带，爱之，且取而嗅之，言曰：“请君以此赠我。”傍泥笑而答曰：“余用之已久，君不以为旧乎？”侯爵曰：“愈旧愈好，余欲得君带上之气也。得气即得君，嗅其气、吻其带，君必临我。”

天然体气，或人选香气，皆足以增长爱情。法人康高德（Concourt）（一八二二——八九六）曾著一小说，名曰《鲜丽》（*Cherie*），言一少女（即鲜丽）于阅读爱情小说之前，必将全书用香水浸潮，否则不能应用其想象力，觉乏味也。余意兽不知色，全仗嗅力；人类进化，色增而嗅退，故吾人不曰“好气”而曰“好色”，气味可增力量，但合体不全恃之。

原载一九三八年一月二十九《晶报》

宝户之度

去岁，美国纽约优生印刷公司出版一种新书，题曰《性智大全》，共计六卷，三十八章，五百六十七页，著者高士德（Costler）、惠立（Willy）等。全书所述，浅显易明，皆前人之所已言者，绝无所谓发明也；惟附录一卷，另成一小册，题名曰《女子性生活之图解》者，非独简明，且合实用，诚妙品也。兹择第七页第五图，详细说明如后（原图不便翻印，亦不必翻印）：

图为五个圆圈（circle）：最大者在外，以甲字表之；最小者居中，以戊字表之；其余三个圆圈，以乙、丙、丁三字表之；依次绘于甲之内、戊之外也。五个圆圈，大小既不一，作用亦不同，请阅本《晶》者注意下述各点：（一）戊圈，即最小之圈，代表处女户之平均尺寸，余用公尺（Meter）仔细量度，其直径（diameter）为二公分三公厘，约英尺十五分（英尺每寸分成十六分，直径亦称对径）。（二）丁圈之直径，三公分三公厘，代表阳具之平均尺度也；三公分三公厘，约英尺一寸七分，依此可知女子初夜之苦。（三）丙圈直径，三公分九公厘，约英尺一寸九分，代表已破瓜而未生育者之尺寸。（四）乙圈直径，五公分二公厘，约英尺三寸一分，代表女子已生育者之尺度。（五）甲圈，即最大之圈，直径九公分二公厘，即英尺三寸十分，代表婴儿出户时之尺度。

西人西度，原来如此。想吾国必与之不同，未知有研究户之直径者否？

原载一九三八年二月三日《晶报》

事前事后

世间许多怨妻，其愁闷可以文字表达之曰：“看呀！看呀！他在那边，已经睡着了，一切都不管了。我哪里能够睡呢？他已发泄，消除一切紧张。我不过摆摆样子，得不到实惠，怎样办呢？”

类此之事，不论何国每夜必有发生者，据余所知，西方甚于东土也，但书籍不载、口头不谈，知之者绝少耳。天之选人，阳捷阴迟，是以欲求和睦，非用功夫而取得“同时”不可。“同时”系巧夺天工之工作，不易行之事也；然非绝对不可挽回。挽回之法，即采用所谓“事前玩弄”（fore-play）与“事后玩弄”（after-play）是也。事前在于周身摸吻，事后应该两体紧搿，若此，则对方虽不能完全解脱，亦可稍得安慰，不十分怨恨，而以永作牺牲者视己矣。

原载一九三八年二月五日《晶报》

换装主义

换装主义，西名“强施费时的是梦”（transvestism），即男喜女服，女悦男衣之志向也。西字不见普通字典，唯医书中多有之。

实行此主义者，可分为十类：（一）完全换装者，（二）极端换装者（即自愿易其阴阳性者），（三）局部换装者（如男性喜穿女衬衣，女性喜穿男性衬衣等人是也），（四）名义换装者（如男子以女子之名为别号者，或女子用男人之姓氏者是也），（五）终生换装者（即一生一世，日日夜夜服异性之服者），（六）定期换装者（即有时实行，有时不然者是也），（七）自恋换装者（即好穿异性之装者，且同时“自爱”者），（八）“食腐”（metatropic）换装者（凡男子之喜悦刚强之女子者，或女子喜悦柔顺之男子，得以此称之），（九）双性换装者（有时女装以悦男子，有时男装以悦女子），（十）同性换装者（见同性之可爱者，即易异性之衣，以悦对方）。

换装主义，亦称“衣翁主义”（eonism）。古人有姓“衣翁”（Eon）者，专服“假”服以欺世人，彼卒时八十三岁，其中四十九年穿男衣三十四年穿女衣，当时之人均不辨其性。死后验尸之前，英、法人假此题以作赌赛，英人之最高额为二十万金镑，法人之最高额为八万金镑；赌阳者胜赌阴者负，衣翁为一个“堂堂丈夫”也。

换装主义，实是一种疾病，吾国似无犯之者。社会上之牙粉（取擦得白之意）党，面涂雪花膏，非意欲如是也，不得已而然也。伶界中之梅、程等，身穿妇女衣服，非真愿换装也，行使其职务也。

原载一九三八年二月九日《晶报》

古训

古书有题名《埃及伦理》（*Egyptian Ethics*）者，三千年前出版于非洲，编著者阿米力路（Amelileau）也。内有父寄子书一件，颇多兴味，兹直译如后：

> 余曾给汝一母，彼怀汝在胎中，劳困之事也，且为汝利也，唯余则全不受赖。在汝生后，彼又加受劳困，困汝吸取其乳实足三年也；汝之排泄，彼处理之而不作怨言曰："我为彼清理此种物乎？"汝入学后，彼每日送饭送酒至汝师处。当汝长大成人，娶妻生子后，汝亦当抚养汝母，一如汝母之抚养汝也。

上面翻译之语，实为世界最古、最早之性教育功课。英美德法，现今文化固高，但旧时未有以此训子者。吾国重孝，训子之文章甚富，然绝不及性也。

原载一九三八年二月十日《晶报》

乏 力

乏力，西名“阴不登”（impotent），即心热身冷、体强力弱，医师所称阳萎是也。

乏力分两种：（一）绝对（absolute）乏力；（二）相对（relative）乏力。前者或因年老衰弱，或因机体错误，不易治疗；后者起于疾病，起于酒后，起于烟瘾过大，起于劳动过分。由此可知，力与不力，大半根之生理。然心理亦大有关系，房屋不洁、床铺不适、姿势欠妥、气味太浓、言语粗暴、皮肉欠佳、临时洗涤、道中抽棉，皆是使有力者忽然失力，不能再生力而昂然也。

欧洲中世纪时，凡男子“阴不登”而欲与妻离异者，非经法庭“当众试验”不可。费耐德（Venett）氏在彼所著之《婚案》（*Tableau de I'Amour Conjugal*）中批评云：“此种公交，男子之受令而行，得胜而归者，千人中想无一人也。吾人之天然部分，往往不顺从吾人之意旨，而对于审判官之命令，更欲反抗。天然部分常常不依意旨，此可以热身冷心称。即使当时有物可以刺激吾人之心，而胆力忽去，畏惧生矣，怨恨又至，而羞耻阻我人之自由矣。”

余曰，力非货品，不可随时定制者也。

原载一九三八年二月十一日《晶报》

面积较大

女子得乐较多，男子得乐较少，此非人人所知，亦非人人所信也。吾今依据事实，依据生理，而说明之如后：

（一）阴性生男育女，痛苦万状。彼所以一而再、再而三，不顾一切而耐性忍受者，皆因进行时欣快异常之故。

（二）女子之官能，作包围式；男子之机械，则受包围。主包围者，面积较大；受包围者，面积较小。小者乐少，大者乐多，此当然之理也。且阴性之乳头、阴性之双唇、阴性之眼圈、阴性之舌尖及其耳子，一经触摸衔嗅，无不立生快觉，其受感范围之广，面积之大，岂阳性区区一管所能及乎？

柏赖佘诺斯（Plazzonns）曰："女子之乐源较大，因其受感之地带较多也。不然，彼等亦何必冒险而忍受怀孕与生产之辛苦耶？"引言见柏氏所著之《生殖机关服务之部分》，出版于一六二一年，用拉丁语写成，著者生卒事实不详。

原载一九三八年二月十三日《晶报》

女性迫促

德人古脱斋脱(Guttceit)曾在俄国行医三十年，彼云:“俄国许多女子，对余自认不讳，谓性之迫促。彼等至二十二或二十三岁时，全无抵抗之能力，因其日渐加强而不已也。斯时，彼等即求不到天然之道，亦必采用人选之法矣。世人都信女子性味微弱，误也”。古氏所著之书，名曰《三十年实习》，用德语写成，出版于一八七三年。

瑞典医师哀克伦特（Eklund）云：“瑞典每年产生之男女至少百分之四私生子也，而法庭上全无男子被控犯诱奸之罪者，何故乎？曰女子性欲强烈，反为挑拨之主动者耳。”引语见一八九二年美国出版之《产科学会年刊》。

余曰：世多女子不动心之故事，寓言也，非生理也。阳性理想中之阴性，冷淡者也，不以言语、状态外露者，所以聪明女子，其真意真情，非研究有素之男子，不能知晓。

原载一九三八年二月十六日《晶报》

马上结婚

在中华民国之西，有一信仰佛教之部落，曰喀尔木克人（Kalmucks），男女皆喜骑马，但男人在马背之时，东歪西歪，颇似醉汉，女人不然，从容之至，故世人都称喀妇骑术较精，实则姿势不同，其一艺也。喀族婚姻大礼，不论贫富，均在马上举行，不如吾国之借用旅馆也。结婚之前，女子先上马，驱驰奔走，男子之爱之而欲妻之者，即上马狂追。追而及，则就地立成夫妇，并鞍而归。倘女子不悦追赶之人，彼必利用其御马之才能，狂奔避之，万不使之追及也。

上事见英人喀腊喀（Clarke）氏所著之《欧亚非三洲游记》卷一第三三三页。喀氏生于一七六九年，卒于一八二二年，矿物学家也。其游记出版于一八一〇年。

原载一九三八年二月二十一日《晶报》

犹迟耶速

犹者，犹太人也；耶者，耶教徒也。犹人多行割礼（Circumcision），故龙头肉不易感动，交好之时间较长；耶徒不行此礼，故易感触，神经太敏，不能持久也。乌男最善保持，终夜不歇，白妇有好之者，岂皮肉厚耶？抑如吾国之冶游专家“久练成钢”耶？

往昔有犹人甲者，俄籍，在瑞士留学，其同乡友乙，耶徒也。乙悦一女，与之同居共活已一年有余矣。某日之晨，甲往访乙，叩门，其“妇”曰“请进来！”甲进门后见乙已出，其姘妇所穿者，只单薄之睡衣，即向外倒退。妇曰“不要出去，进来，进来……”同时，妇谓甲曰“余之男子，即汝友乙君，耶而不犹，未行割礼，皮灵性速，余不能满足，不能尽兴。刻前彼与余一帖而去，余正饥饿，意欲自爱；自爱每使余头眩脑胀，故不敢常为。幸汝来临，汝已受割礼。犹人也，余得安心乐意矣。”

（割礼者，割去包皮也。犹民视此为宗教上之圣礼，男子于相当时必行之。）

原载一九三八年二月二十四日《晶报》

自悦自赞

女子有自悦其身，自赞其美者。此种人大概镜不离手，自察其形，又常在暗中自裸其体而自审之。非独此也，彼等往往美服外游，作引人之姿势，他人见与不见，全不顾及，只求自己满意而已。

自悦自赞之女子，又喜摄影，自藏而自阅之；情烈者，常与之讲话或嗅之吻之。法人路一（Louys）著一小说，题曰《毕丽弟之歌》（*Chansons de Bilitis*）者，内有一节，述毕丽弟如何自爱其乳，趣极趣极，兹直译如后：

噫，吾乳乎，汝肉体之华也！汝之动人性何其多耶？余握汝，汝真柔也，汝真温也，汝真香也。

昔日汝冷如冰，其坚硬与石像之乳无异。今汝柔软矣，余爱汝较前愈甚。汝之圆而且满之形，诚余身之荣也。无论隐而藏汝，或裸而露汝，放之光明，总照耀于余体之前。

今晚可以尽欢矣，余当终夜以己之手指抚汝，毕丽弟决意用己力以爱毕丽弟。

毕丽弟，妓也。路一，法国诗人兼小说家，生于一八七〇年，卒于一九二五年。

原载一九三八年二月二十六日《晶报》

女子冷淡

女性所以“文”而不“武”，外貌冷淡者，因一般男性欲其如是也。除此之外，尚有五事可使女子冷淡，兹述之如后：

（一）生殖机关不全或有病，主人不知，未曾延医治疗；

（二）初次生产，大受痛苦，以后胆小，不敢再干；

（三）虽有防育药品，但觉心烦可恼，无意出力；

（四）对手方只自取乐，不顾他人之所欲者或不欲者；

（五）女性有喜好其爱人“奴”之、“虐”之者，而男性不知，反柔顺以待之，使其兴味顿灭，立现冷淡之态。

原载一九三八年三月一日《晶报》

禽兽同性

同性者，雄与雄悦，雌与雌悦也，非独人类然，禽兽亦莫不然。古人之知此者，亚力斯多德（Aristotle）也，彼谓雌鸽二枚共在一地时，倘邻近无雄者，无不互相“翼覆”（cover）。

除鸽之外，犬羊牛亦如此。法人圣甘德微（Sainte Claire Deville）谓犬羊牛等鳏行居或寡居时，初则局促不安，常欲攻击人类，后则欲火不制，即与同性为欢；一见异性，此态立消。德人施戴纳奇(Steinach)谓白鼠最淫，雄者不遇雌者时，莫不同性合体，而弱者又为强者之被动体。圣、施两氏，均有著作行世。

法人费赉（Fere）谓虫类亦多同性恋爱，而被动者往往为甫经大战之主动者。此事彼由研究小金虫（cockchafer）而得。

原载一九三八年三月六日《晶报》

边民之贞

世称边野之人莫不淫荡，误也。野居之族，具妇女极贞洁者，兹述数事以为例证：

（一）西非洲某部落，凡哺乳之母，不得与丈夫交媾。哺乳之期三年。

（二）非洲另一部落，初结婚之夫妇，不准完全合体。产后一年之内，亦不准合体。

（三）西非贵族，凡犯不贞之妇女，家长常以蕃椒捣烂塞入其阴道中，使其痛而发炎，以此为罚。试问世间有敢再犯者否？

（四）南非青年男子，得“玩”未婚之女子，唯交合一事，不准实行。女子坐时，倘腿不并拢，其家长必责之，或竟罚之。

（五）埃及人民，在国丧中，夫妇不得同房，其期间至少二十七日。波斯人在月经中交合者，责二千棍。

上述者，皆数十年前之事也，想目下已改变矣。

原载一九三八年三月十六日《晶报》

爱　丑

男人有因女子之丑而真诚爱之者。法人施旦达（Stendel）氏曰："麻面女子，能使爱之者怜而敬之，并能使此男子于任何时见其他麻面妇女，心慌意乱。"依此，可知男子非独爱美，亦爱丑也。

昔西土某男，爱一体瘦面麻之女，不久女病死，男极伤心，三年后，旅行至罗马，遇两女子，一美一丑，丑者亦面麻而身不肥，男者悦之，一星期后，两者结婚矣。

余曰：美丽与丑陋，世上本无定评，而面上雕花，实上天加圈，自赞其工作之完美也。哈哈！

原载一九三八年三月十九日《晶报》

易起易竭

阳性易起易竭，阴性难起难竭。年轻丈夫于十分尽力而己意满足后，觉其妻之兴味尚未开始而奇怪之，不知阴阳不同，起竭有判之故耳。

年少活泼且生活贞洁之妇，于性交甫开始时，常觉一个丈夫有不敷应用之苦，何哉？性量亦阴阳大异也，阳有每月一次以为足者，阴非每晚一次不能满意。

但个性不同，昔某姓夫妇两人，每夜合作，继续二十年以上，永不间断，亦不告竭，欢乐一生，可谓难得之至。

在新婚时，性量必大。西土有夫于一夜中发实料七次，妻发十四次者。久别后亦然，罗女某，不见其夫约三十日。于九十分钟内共发二十六次，夫只二次。

德人古脱斋脱（Guttceit）称二十二至二十八岁之男子，每晚可登台十次，但第四次后不能发实料矣。德氏在罗国行医多年，此盖指罗人而言也。

原载一九三八年三月二十二日《晶报》

甘心为奴

西土有一种男子，喜受异性鞭打，喜受异性针刺，喜受异性种种虐待、种种奴役，此类变态，心理学家以“马素基主义”（Masochism）称之。马素基，奥国小说家也，生于一八三五年，卒于一八九五年，曾述一小说，述一男人实行为奴主义而自以为快乐，故名。下述之事，言男子甘为男子之奴，同性而非异性，与马素基主义又不同矣。

专门家某甲，年六十余，英京居民也。彼于闲暇之时，常在营房左近散步。一日觅得一士兵，邀之同伴而归。抵家后，求其立去鞋袜，并谓之曰：“倘袜污而且臭，余当口嚼之，而以一金镑为报。倘清洁无气味，则以十先令为费。但汝若愿穿此袜继续至一星期以上，并约定某日重行来此，余仍愿奉送一镑。”据云，是日士兵之袜，全不污浊，故所得只十先令。

上面故事，节译《性智百科全书》四三三页之小注。同页有查博亭（Chapotin）医师转述某告退武官勾引售果女子至家，吮其左足之趾之故事，亦甚有趣。

原载一九三八年三月二十五日《晶报》

裸体而归

一女孩裸体而归，其母大骇，急问曰："你的衣服呢？"女孩全不作惊惧之状，纯直而答曰："在礼拜堂中。"母又问曰："哥哥呢？"女曰："在小溪中游泳。"母曰："他也不穿衣服么？"女曰："是的。"

上述会话，隐言天真烂漫之男女小孩，不以不着衣服为可"丑"，反以穿衣服为束缚也。西洋诗人亦有主张裸体者，惠德满[①]（Whitman）云："我的各器官，我的各机能，皆是人所欢迎的。没有一寸，没有一分是污浊而不能见人的。并且每寸每分皆欲使人习见，不可隐蔽毫末。"惠氏乃著名美国白话诗人，生于一八一九年，卒于一八九二年，著有《草叶集》。

近来美国有种种裸体团体，据调查所得，其数在六十以上。阅本《晶》者，倘欲与此类组织通信，请即来信，当将地址奉告。

或者问："夏季易裸，冬日如何？"余曰："据专家称，

① 今通译惠特曼。

受训练后，冬夏无别，皆能裸体。复次，达尔文（Darwin）谓南美火地（Terra Del Fuego）群岛之居民，虽在华氏寒暖计三十二度以下，仍裸卧于海滨，不觉冷亦不病也。何哉？习惯成自然耳。守旧者常谓火炉水汀反能使人伤风，非全无理由也。

原载一九三八年三月二十七日《晶报》

小孩之疑

男女小孩，不分中土西域，其所最欲求决者，莫如彼等“何自而来”之一疑问。而世间之为父母、尊长者，终不愿作忠实之答以告之也。吾国有“渔船上抱来的”“垃圾桶内拾得的”“石头缝里生出来的”等等谎语。而西洋亦有“仙鹤衔来的”“海底捞起来的”“与菜蔬同时产生的”种种谬谈。孩儿自有天然之智，闻之岂能信服乎？

下述两事，足见孩儿多智而不信其尊长之荒唐语也：

（一）柏林某工人之子，年三岁，一日谓其母“现在我知道了，小孩是生在母亲腹中的。你说我是从海底捞来的，我真不相信你。人在海底，早已冻死了。你又说仙鹤从烟囱中把我丢下来的，那么我非独身体污黑，并且早已受伤了。你当我是愚笨的人，一点都不懂么？”

（二）某姓妇将分娩，其四岁之女见其皱眉之状，闻其喊痛之声，静不作声，接生者到后始令之退去卧室。晚间仍与其母共睡，女曰：“妈，请你告诉我，到底是仙鹤呢？还是肚皮耶？”其母大惊，答曰：“肚皮，是肚皮。”女又曰：

“好了，不过我还不明白，你当时怎样吞进去的。”

原载一九三八年三月三十日《晶报》

好尸病

世有不好活人，而好死体者。此种毛病，西人以“捏骷髅非礼”（necrophilia）称之，即“好尸病”也。医史中载阿迪孙(Ardisson)将某幼女之尸掘起，藏之顶阁中，夜夜犯之，直至腐烂而止，此古时事也。但十余年前，尚有类似者发生，请阅下文：

某甲之妻于一九二四年因病而亡，安葬后，彼费两月之力，由家中掘一地道直通墓所，每夜秘往谒。后为他人所觉，询之，不肯直言，只认祭妻、献果两事，惟棺盖已经开动，傍又多香料，则其所以欲近死妻之尸者，可以明矣。

据云，甲妻生存时，每次工作，甲必嘱其闭目稳卧，不准表情，不准言语，因此愈足以见其天性好静而不好动，天性好死尸而不好活人矣。

余曰，世之喜“玩”熟睡或狂醉之女子者，或禁其妻发言张目者，其意像中皆以活人作死体之用也，不过病未深犯，尚无胆力接近尸身而已。

原载一九三八年三月三十一日《晶报》

王后之言

包碧霞（Poppaca）者，罗马国王泥禄[1]（Nero）之后也。泥禄一生淫乱，而其后亦深明房术，今将其告诫女界之词翻译如后：

> 凡妇人之不为处女而欲冒充处女者，可用乳色贲素因（bonzin）洗器，再用葛布（linen）揩干，用研细之淀粉（ground starch）内敷。

（按，贲素因即安息香胶，得自苦杏油中之白色结晶质；淀粉，亦称小粉，可作浆糊之用。）

吾国有用明矾洗涤者，据云亦有功效。但古代何人发明，无从查考，包后之言，载之性学书籍。

原载一九三八年四月二日《晶报》

---

① 今通译尼禄。

爱老病

心理学中有所谓“爱老病”者，西名“结拢图非礼”（gerontophilia），即少壮之男女不与年岁相若者结合，而喜与年岁长大者兜搭也。犯此种病者，阳性居多数，阴性亦非绝对无有。廿岁青年丢妻不顾，而侍奉满面绉纹之老寡妇；二八娇女不愿嫁人，而姘识满头白发之老头子，世间不少也。但大多皆属异性，而非同性。下述者，乃同性爱老病之故事，见赫许费罗德（Hirschfeld）医师之著作中，今翻译之如下：

某甲自幼即喜好交结五十至六十岁之男子。一日，彼遇一长者面貌唐皇、须发浓厚，不觉心意颠倒，再三勾引而对方全不知晓。彼恐关系之不能持久而立时断绝也，遂与长者之女结婚，而同时继续向岳父求爱。后来翁婿两人竟互相拥抱，互相接吻，惟夫妻之间全无深情，而真爱则在长幼两男之间也。

与爱老病相反者，曰“爱幼主义”，西名“婴芳得利神”（infantilism），此即年长者玩弄少年男女孩之器而自以为乐之意。

原载一九三八年四月十三日《晶报》

美人与良马

中世纪时，欧西注重武侠而轻视私情，是故所谓英雄者，只知良马而不知美人也。葛令（Garin）与纪柏（Gilbert）表兄弟而武士（knight）也。一日，乘马外游，途经某大宅，见窗内立一美女，葛令曰："看呀！看呀！看那美人呀！"

纪柏答曰："喔，我的马确是美丽。"

葛令又曰："我从来没有见过一个女子比她更美丽，她眼色乌黑，且皮肤鲜洁！

纪柏曰："我从来没有见过另一匹马，美过我的。"

由此可知，当时之所谓武士者，大多以"英雄不好色，好色不英雄"为宗旨。复次，古昔欧陆重男轻女，家庭中夫为主，妻为仆；夫为妻之"魂灵"，妻不过夫之"长孩"、夫之"忠臣"、一柔弱之"动物"而已。凡为事件，妻非听命于夫不可，且必真心爱之，通信时亦必自称"你的卑微且顺从的女孩和伴朋"。历史家毛鲁德（Maulde）谓当时男子虽享有此种特权，然常有称婚姻艰难而发怨言者。

原载一九三八年四月十四日《晶报》

裸 脸

小亚细亚及阿非利加，有一种特异之风俗，即女子不得裸脸是也。一年少之妇浴于湖中，英人某适经其地，妇见而大惊，急以手蔽面，其他部分则不顾也。德人倪步鲁（Niebuhr）谓埃及国乡间之裸体女子，最喜集观异族外来之客，但必以手遮面。

德人赫鲁佛（Helfer）游近东时，曾入某皇室，见妃娥皆以厚巾蔽面，但衣服以薄纱制成，故身体之颜色与形状，了然不隐。赫氏裸脸，宫中之人皆大怪之，盖彼辈之意，当众裸脸不雅且非礼耳，犹吾人之当众裸体为警察所禁也。后赫氏经人劝告，戴一面具，彼辈即齐声高呼曰："大黑布（Tahip）！大黑布！""大黑布"，美哉也。

原载一九三八年四月十六日《晶报》

爱兽病

爱兽病，西名“兽非礼”（zoophilia），人兽相交之一种性变也。古时人口稀而不密，凡处于荒野者，有觅不到异性之苦，是故野史载牧童利用牛羊之奇事甚多。古书中又有犹族妇女“以羊为侣”一语，法国文豪傅尔戴[①]（Voltair）曾评之云：“我敢言犹太妇女之流浪于沙漠中者，决然求不到洗身之水。再，彼等既不穿衬裤，又无外衣与鞋袜可换，雄羊易认之为雌羊也，两不相类间，渐渐发生感情，可能事耳。”傅氏生于一六九四年，卒于一七七八年，精散文，善曲剧，其评古代犹妇恋兽，谓为环境所迫，虽似滑稽，实情理也。

中世纪时，严禁爱兽，犯之者死。法文中有咏奸鸡而身亡之歌，今译成散文如下：

我名费安（Vion），因恋一鸡而受死刑。今日前来观我上斩台者，有仆役，有马夫，并有无业闲荡者。

① 今通译伏尔泰。

前闻友人言，吾国北方有奸犬之变态者。据医书言，犬固爱兽者所最嗜，但西土心弱之男女除牛羊犬马外，尚有采取猪、猫者，甚有采取鹅、熊、猩猩、鳄鱼者，真怪而又怪矣。

原载一九三八年四月十九日《晶报》

暂　隔

不同之人，无论教育如何相仿、脾气如何相投，其心向终有互异之处。夫妇天天见面、刻刻交谈、共同生活者也，凡事必相互连带，互相允许而后可行，否则非认为缺少恩爱，即视为故意轻蔑而发生口角、离婚。欲救此弊，即常常同居而永不反目，唯有暂隔一法。

暂隔者，即西语之“挨排辰时”（absence），意谓“不在”也。夫妇二人于经过相当之时期后，或妻归宁而夫守家，或夫旅行而妻守家，则重行聚合时，感情莫不较前更大。谚云“新婚不如久别”，至理名言也。

西人亦有言暂隔之要者。兰道（Landor）氏曰：“理想中之美，有不具形体之美，即暂隔也。”可知情之增进、情之日新而不陈，大半源于暂隔。但所谓暂隔者，时期断然不可太长；离别过久，易忘旧人而生新情，危险万分。

余曰，暂隔增爱，久别忘恩，试行“挨排辰时”者，常注意之。

原载一九三八年四月二十六日《晶报》

表敬表爱

异域之人，注重“开始”（Kiss）以表敬意或亲爱者也。“开始”译言“接吻”或“亲嘴”。其实所接者不只在吻，所亲者不只在嘴也；身之诸部，如腮如额，如臂与手，皆可以唇亲之。古时亚拉伯人，不拜神或偶像而“开始”之，圣书云“但我在以色列人中，为自己留下七千人，是未曾向巴力屈膝的，未曾与巴力亲嘴的”（《列王纪上》第十九章。巴力，曰神也、偶像也），又云“现今他们罪上加罪，用银子为自己铸造偶像，就是照自己的聪明制造，都是匠人的工作。有人论说，献祭的人可以向牛犊亲嘴”（《何西阿书》第十三章）。引语为官话译文，其“亲嘴”二字，即“开始”也。可知当时之人所亲者，决不在嘴。

古代罗马人有三种“开始”：一曰“哑施孤冷”（osculum），以唇接腮，表友情者也；二日“排休”（basium），以唇接手或唇，表亲爱者也；三曰“杀奋”（suavium），以主接者之唇置于被接者双唇之间，唯恋人间行之。

吾国旧时，多行干嗅而不行湿吻，依余浅见所及，实合卫生。又吾国之拱手（即自己握自己之手），亦较西人之握手（即自己握他人之手）为安全也。

原载一九三八年四月二十八日《晶报》

人　气

人身所发之气，主要者有八种：（一）全身皮肤之气，淡不触鼻，虽在沐浴后亦能闻之；（二）头发与头壳之气；（三）呼吸之气；（四）腋下之气；（五）足上与足趾间之气；（六）性具与肛门间之气；（七）阳性包皮内垢脂之气；（八）女性阴阜之气、阴门口之气、道中黏液之气，及经水之气。此八种气，强弱虽人人不同，但世间无绝对不发者。

婴孩之气与老年人之气不同。婴孩之气似酪酸，老年人之气似枯叶。法人莫纳安（Monin）氏谓人之年岁，可闻其气而知之；又有人谓，节欲者发气较强，淫荡者发气较弱。

复次，阳性冲动时常自口中及皮肤内发出一种特异之气，闻之似酸酪，又似闷药［即“可罗仿”（Chlorofrom）］；性交后，二三尺内数小时不散也。阴性冲动，亦发异气，味如山羊，亦数小时不散。一九〇〇年，英国《医师杂志》之十二月号中载某妇发强烈之玫瑰花气，交后两日不散，诚奇事也。

言气之书，以莫纳安氏之著作最为简要，其名曰《人体之气》（Los Qdeurs du Crops Humain），一八八六年在巴黎再版。

原载一九三八年五月一日《晶报》

“味拉吸”

“品萧”二字，吾国小说中之雅辞也，英德法美有其事而无其名，故专家不得不借用拉丁语以称之曰“味拉吸”（fellatio）。“味拉吸”即品萧，阴接阳也。阴所用以接者，双唇也，而舌副之。阳与阴接，西人另有一名，亦拉丁语，曰“克腻灵可施”（cunnilingus），阳所用以接者，舌尖也，而唇副之。

古代希腊人与罗马人，性嗜“克腻”（简称），此于当时诸名家之著作中见之，彼等称此乃近东腓尼基人（Phoenicians）所发明。其实不然，用舌用唇，古今皆有，万国通行，所不同者，常、暂而已，常行者为病，暂行者激情。

“味拉”（亦简称）与“克腻”，犬亦行之。德人莫鲁（Moll）氏谓彼曾见雌雄二犬上下垒立，雌者忽然转身，用唇舌以激雄者，待其具发胀后，始归返原来俯伏之位置，任其工作，可谓奇矣。

“味拉”与“克腻”，亦有行之同性间者。

原载一九三八年五月四日《晶报》

怕 痒

人身怕痒之处极多，主要者为：（一）颈部，（二）手心，（三）腋下，（四）腰际，（五）脚底。痒分两种：（甲）皮肤之痒（即上述者），（乙）激性之痒；前者阴阳相等，后者阴阳不同。阳性性痒，专在性部，不及其他；阴性性痒，不限性部，兼及胸前。

孩儿怕痒，较成人为甚，然好之而不厌，有时反欲引人激之。成年后，不喜人激痒，且痒处减小，痒度减轻，此西洋生理、心理学家之言也。费鲁海施（Filhes）谓少年男女已否破身，可由怕痒或不怕痒而分别之，破者之皮肤痒度不高，不破者之皮肤痒度不低。

某医师谓怕痒是一种保护。未婚女子最忌者被人玩弄也，故上天造人，使其于乳上、颈部、眉间、双唇、双腮、腋下、发际无不怕痒。女性婚后，非与男性接近不可。

吾国之人，深信怕痒者必怕老婆，此迷信而非科学也。依科学言，凡已讨老婆者，痒度决然改低，否则其人性气未散，性力过强，必好色之徒也。

西语激痒曰“体格灵”（tickling）。

原载一九三八年五月六日《晶报》

异性接触

异性接触，能生快感，有不信者，请阅下文：

我（未婚女子之自称）于遇见诚实男子的时候，总觉得心中发生一种甜蜜且快乐的感情，这种高尚的感情可与音乐、图画、雕刻及风景相比。

当我研究某项新问题而著成论说时，我曾遇到一个专家，他很出力，帮助过我许多事情。一天，他和我共坐，改正文中事实上的错误，无意中彼以手触我的手，我立时全身发生一种甜蜜且纯洁之感觉。当时我并不言语，我实在是舌结无法讲话。我从那天起直至今日，没有做过细微返答的行动；不过，每一个月中，我心中必然发生相似的快感至少两次。

那个专家、那个朋友，我以后曾经见过二次，我二人隔围篱而谈话——我在篱内，彼在篱外——而自然发生一种最高的快乐，有时我以为我已经被那人统制了；不过，我去就他，是不荣誉的。快乐可由抑制感情而得，不必一定要越出范围。

大凡一切激动都有心理的价值，体健的人决然不被激动所伤，反来可以利用它，以为快乐的媒介。

上自述，译自西书，述者年三十未嫁之姑娘也，其姓名不详。

原载一九三八年五月十日《晶报》

征　兆

冲动有征兆，阳性明露，阴性不显，故妻易知夫，而夫难知妻也。古昔柴嘉（Zacchia）氏对此问题考求最精，发言最明，今翻译数语如下：

> 妇女于性潮升涨时，往往喜以恋爱之事询问其夫，彼等又喜于此种时奉承其夫，且抚爱之，竟有自去其衣以裸其体而似乎出之偶然者。
>
> 女子性冲时，乳头高胀，全身活泼，面现彩色，双目发光，言不中题，行不合范，私处发热而高耸，六神无主，全失自制之力。
>
> 为丈夫者，固有勤怠之分，然于见其配偶性发时，不可不满足之。

由此观之，可知妇女之性兆虽暗而不明，隐而不现，有心人亦易探而知之也。

柴嘉氏之著作，题曰《医学与法律问题大全》。本文中之引语，见一六八八年出版之卷二第六二四页，全书用拉丁语写成。

原载一九三八年五月十日《晶报》

男耶？女耶？

世间人人渴意欲知，而人人不能知者，胎儿之男女也，虽西土之著名妇科医师亦不敢直言预断，近来固然发明许多测验之法，然可靠者绝对无有。

但依据科学，吾人可确信者有一事，即碱性（alkalinity）生男，酸性（acidity）生女是也。恩特百克（Unterberger）氏谓阳精之碱质与阴道之酸水在各对夫妇中大都均等，因有时碱强则酸弱，有时酸强则碱弱，故所产男女之数相差不远也。

或问，双生有一阴一阳者，何故？曰夫碱妇酸同时同等强耳。又问，婚姻中有专生男不生女者，亦有专生女不生男者，何故？曰终生碱强，或终生酸强耳。

多生女孩而希望男孩者，可于性交之前用碳酸氢钠（bicarbonate of soda）洗濯阴道，或以碳酸钠（soda）置于阳具之上。但芝加哥大学教授李约瑟（Joseph B.de Lee）谓有弊病，即以药品混乱之阴道易产怪胎是也。

《宝元带》中，有决定阴阳之岁月表，详尽之至，惜有时灵验，有时不然也。

原载一九三八年五月十二日《晶报》

避热就寒

西圣常戒人曰："酒与青年，各为色欲之火，何故人在火焰上再加油耶？"此暗合吾国"酒是色媒人"一语。悠闲之生活最易使人入女色之迷途，故古人云"饱暖思淫欲"。

西洋宗教团体，大多禁止饮酒，然有肉蛋亦不敢食者，察辟党（Trappist）是也。察辟党成立于一六六〇年，其发源地为法国古省诺曼底（Normandy）之察辟寺，故名。各党徒之身体非常健全，皆因节食而能节欲之故。

除节食外，西洋生理学家谓抑制性欲有：（一）多做体操，及（二）解答算题两法，然有行之而无大效者。某传道师告人云："我专心读书，并攻究算学，意欲阻止性欲冲动也，有时效果很大，似乎已经成功；不过一见老友（女性），一闻其声，一握其手，所做工作完全消灭无余。然而算学与神学两者相比，算学之力较神学为大。我幼时专借教理以克制性欲，一无效果，实是自己误自己。"

性欲强者应"避热就寒"，"避热"即"就寒"。避热者，不多穿衣，不多盖被，不以烫水沐浴，不人生水汀之室是也。热既避矣，寒自然来，寒缩皮肤，故减性欲，古之修道者皆实行寒缩主义。或问黄梅之候，炎夏之季，如何就寒？曰，用冰太愚，临时以冷水洗身可也。误吞春药者，饮冷水得解，亦此理也。

原载一九三八年五月十三日《晶报》

妇愿受制

诗人海伊尔瑟（Ilse Heyo）曾作一短歌，谓世间性善之妇无不自愿受制于其夫也。其歌可逐句直译之如下：

余深信汝！
余以余之生命，交于汝之手中。
余之快乐，余已誓与汝共享之
余之忧闷，汝已全力负之矣。
将来天上之星下坠时，
将来海中之上升而满覆陆地之时，
汝必有大作为，
汝将扶定将倒者，汝将扶起已坠者。
余深信汝之力量，
且余真心恋汝，此即汝之胜利也。

上歌中，“余”者妻自称，“汝”者对夫言也。最末二行，谓妻有直觉，知其夫善于判断而多力量，工作勤奋，随时随地扶助亲友、护卫家庭，实一至正至大之君子也。倘世间之为妻者，人人对于其夫有此种信心，则婚姻无不和睦矣。

耶教使徒圣奥古斯丁（Saint Augustine）曰“妻自愿受制于其夫”（Uxor maritodo minantieubsequetur）（拉丁语），可知蛮横之妻，变例也。奥氏卒于六〇四年，有功于英国人。

原载一九三八年五月十四日《晶报》

惯吻与爱吻

西洋夫妇，不论贫富，常常接吻，出门要吻，归家又要吻；起身要吻，上床又要吻。此种接吻，可名之曰“惯吻”。

惯吻者，礼也，名为表爱，实无意义，与一般人之鞠躬、作揖、打拱、握手、立正、敬礼无异，有致敬之形，而无致敬之实。夫妻间应另有一种接吻，曰“爱吻”。爱吻者，四唇紧接，潮而不干，辅以舌尖，闭气窒息。

德国医师费鲁德（Velde）告诫少年夫妇之言曰：

免去一切惯吻，多多应用爱吻——人人当将惯吻改成爱吻。但有一例外：为丈夫者于离家多日而归来后，决不可一吻而立干，因灵敏而富于感情之妻莫不心恨此种全无步骤之行为也。一吻之后，要再吻、三吻，激彼制己，经过相当之时间后，则真爱之空气、烈情之环境造成矣，而所谓婚姻中之敌对行为决无发生之可能。

费氏著用《理想婚姻》及《婚姻中两性之敌对行为》等书，有英译本，价皆昂贵。上引之语，“急色儿”不可不知。

原载一九三八年五月十七日《晶报》

咏精之诗

英国现代文家赫希理[1]（Aldous Huxley），喜于其著作中滥用“街上之言”，即所谓不上台面之语也。类似吾国之“姨子生的”“性具”“精虫”等等，彼亦采纳之，政府所以不禁者，因其书并不诲淫也。

赫氏曾作一诗，题曰《第五哲学家之歌》，咏阳精之功用，今逐句直译之如下：

亿兆精虫，
皆具活力；
其来也如洪水，
只一个诺亚（Noah）可希冀生存。
亿兆之中，除一个外，
皆不得为莎士比亚第二，
亦不得为新牛顿，或新唐纳，
此一个即区区也。

① 今通译赫胥黎。

（注释：每次阳精，其具活力之虫数总在二百五十万左右，此生物学家所查得，非虚语也。诺亚经过洪水而仍生存，事见《旧约》；莎士比亚，英国戏剧大家；牛顿，英国科学家，即发明地心摄力者；唐纳（Donna），英国神学家，生于一五七三年，卒于一六三一年。）

原载一九三八年五月二十日《晶报》

性　迫

性迫（sex drive）系一种天然力量，有谓虽电动[1]（electric shock）亦不能阻止之。数年前，乔治·华盛顿大学教授毛舒（Moss）氏作一试验，以证明性迫能克胜电力，辛辛那提大学教授狄瑟能施（Diserens）氏曾详记之，发表于一九三一年之《心理公报》第二十八卷，兹直译之如下：

> 白鼠十只，五雌五雄，用二十八个弗打[2]（volts）以隔之（弗打，电动力之单位也），使阴阳不易接近，不能立时性交也。其结果：二雄者越过电动力而抵雌者，三雌者亦越过电动力而抵雄者，可知雌者之性迫较雄者为强，而性迫之克胜力，等于二十八个弗打也。

上述试验，初观之似甚佳，其实并不全备，因：（一）雌三雄二，鼠数太小；（二）雌纳雄贪，全不提及；（三）饥渴等况，理应顾到；（四）电力不能阻，反助之乎？

---

① 即电击。

② 今通称伏特。

复次，试验鼠类与人无益。人鼠不同类，性迫必大异，借鼠不足以见人，则试验之工夫等于虚耗，因白鼠徒然受苦而文化全无进步也。

原载一九三八年五月二十二日《晶报》

“国　看”

“国看”（Gwokam）二字，系爪哇（Java）文之译音，即“性力检查会”之意。检查会之委员皆属阴性，其职司在审察男子有无性力，是否有娶妻之本领也。

爪哇风俗，地方不论大小，必有“国看”会之设立，其委员皆为本处居民所敬服而推定者。凡男子成年后意欲娶妻者，非先经过“国看”审查不可，审查合格，则给与证书，随时可以结婚；审查不合格，则禁其结婚，唯得于相当时期之后，请求复查一次。

上述之事，见德人赫施费鲁德（Hirschfeld）所著之《性学探讨者之环球旅行记》中。“国看”会审查之法其以言语激诱乎？或以阴体承受乎？赫氏未曾明言，想亦不知也。

数年前赫氏曾在中国、日本、印度、南洋群岛、小亚细亚，阿非利加等处旅行演讲，其旅行记之文字极趣，有英译本，上海商务印书馆寄售，价约国币二十元。

原载一九三八年五月二十四日《晶报》

贤　妻

所谓贤妻者，必为能言善辩者，或美而哑乎？必为不受教育，或大学生乎？今日研究婚姻问题者，对于此事发表绝对不同之两种意见，兹述之如下：

（一）韦尔逊（Wilson）之意见

韦氏为美国洛杉矶城家庭问题研究社主任，其言曰：“大学生往往为最劣之妻。”

（二）萨拔施（Sabath）之意见

萨氏系美国芝加哥法院中之推事，彼云：“美而哑者为最劣之伴侣，大学毕业生则反之。”

根据此两种意见而研究婚姻问题者，有三人也：（一）戴维四（Davis），（二）狄更生（Dickinson），（三）韩密登（Hamilton）。戴称圆满之婚姻曰“欢乐”；狄称之曰“调整”；韩称之曰“满足”。三氏用字虽不同，其重视婚姻则一也。兹将其研究所得之结果，简述之如下：

戴氏所调查者，大都为大学生，彼谓一千个结婚之女子，其中九百人皆极“欢乐”。内有受性教育者，则“欢乐”之程度愈高。

狄氏所调查者，皆医院妇科中之病人，此种人身既不健，心又不安，鲜有以婚姻为“调整”者。但其中三分之一曾受大学教育，故对于婚姻问题之意见较多合理之点。

韩氏所调查者，亦不专限于大学生也，彼谓“满足”之婚姻超过半数。彼之受调查者，人数极少，但皆有智识者，身心健全者，在社会中之水平线以上者。

由此观之，可见教育与婚姻实有密切之关系，教育愈高，婚姻愈圆满，否则不然。

上文略采英人厄立施①（Ellis）之近著而成，特此声明，并表感谢。

原载一九三八年五月二十六日《晶报》

---

① 今通译霭理士。

克　欲

克欲一事，妇女不易实行，此近百年来医家之言也。法人葛百义（Cabanis）谓男女相较，女子非独能受过度之激，且以完全不激为难忍之事，见一八〇二年出版之《生理与道德之述记》；德人卜喜（Busch）谓性官之作用，阴较阳强，故克欲之恶果，女较男多，见一八三九年出版之《妇女之性欲》；德人哈茂（Hammer）谓依生理言，克欲一事可劝男子，断不可戒女子，见一九〇四年出版之《克欲之危险》。

三氏所言，隐合湖人[①]所谓"骚（阳）一场尿，骚（阴）三夜（溲）"也。阳阴，皆代用词；溲，谐言，难也。

西土一妇，年三十，已嫁且已生子三人。一日，有丈夫之友来访，彼见而悦之，因被环境所迫，不得已尽力自制其内心所发之烈情。未几，彼身心两者均现病象，医师称之以痨，劝其迁地疗养。彼往法南居住六月，归来后，其症兆愈形恶劣，是时彼夫之友即其意中人又来拜访，夫不在家，彼招待之，立时"服从"之，并不顾一切，离夫弃儿与之偕遁。

---

① 指浙江湖州人。

半载之后，此妇体丰满而貌美丽，与病时相比，似乎另换一人矣，旧友见之，几不认识，且皆称奇。

西土另有一妇，于夫死两个月后即得咳嗽之症。医师诊视，谓迁延不治，恐成肺病，但打针施药终不能止。两年后，此妇再醮，蜜月之末，已病消体胖矣。

余曰：阴缺性合，胆怯者成病，胆大者淫荡，提倡贞洁者应注意之。年长而未得配偶之姑娘常语人曰“我抱独身主义，不愿嫁人”，怨言也，非真心也。

原载一九三八年五月二十九日《晶报》

腋下之气

腋下之气，自己以手摸而闻之，可以振作精神，此法国心理学家费赉（Fere）氏之言也。费氏旧时居处之对面，有一洗衣作坊，其工人之大半皆属女性，内一老妇于下午散工一小时之前，每隔五分钟必将右手伸人左手衣袖中，直至腋下，然后退出以鼻嗅之，彼盖筋疲力尽，以腋气为兴奋剂耳。费氏之友人，有管理工厂者，谓男女工人于疲倦时作此种行为者，实不少也。

英国心理学家厄立施（Ellis）氏谓英国女工人亦有类此之行为，彼曾于伦敦街道上亲见之。

腋下之气，人人不同，有文雅如玫瑰者，亦有恶劣如葱蒜者。法国小说家羽斯芒（Huysmans）氏（一八四八——一九〇七）曾著一书，题曰《巴黎小识》，内《小袋》一篇，畅言气类，佳妙之至。

原载一九三八年六月二日《晶报》

性神经病

患性神经病者，目前常发乌圈，两腮时现赤色，手欲取物而抖颤不已，口欲讲话而喉中作梗；其人胆小如鼠，怕电闪，又怕雷声；怕暗室，又怕广场；不敢入女子之队，又不敢与男子合群……遇事不能凝思，必发脾气，以为凡人皆有传染病，凡事无不失望也。

此种男子常觉性具痛、尿道痛、膀胱痛、睾丸痛、阴囊痛、摄护腺痛、蓬松之处亦痛。小便时，自惧其流太直或太弯曲，又自惧其出发不急、大流之后继以细滴。

性神经者，常于暗处自视其具而自语曰“太小，太小”，或曰“太大，太大”，又有自以为其色太淡者，亦有自以为其色太深者，更有自以为其温度太低，冷而难持者。睾丸尺寸，亦彼等所注意，有时问医师曰：“我囊中双丸，大小不一，囊形长且下垂，外皮干燥，现露多纹，病乎否耶？”

患此病者，性不足也，或性不合也。性神经病，西名 Sexual neurousis.

原载一九三八年六月七日《晶报》

沐浴与美人

漂亮女子，其身体无有不清洁者，此吾人所共知也。清洁之道，首在沐浴。沐浴宜勤，不宜多用肥皂，又不宜用过热之水。烫水使人无力，并使人爱睡，不论有夫之妇或有妇之夫，皆非所宜。肥皂，去垢之物也，多用而不冲尽，则满身反为“臊”气所覆，而真正体香不能外发。人之所爱，天然香也，岂人造气乎？

旧时吾国妇女，除炎天外，只涤股而不洗澡。美国约百年前，凡购浴盆者必纳税百元，此实禁阻平民洗澡也；又七十年前，西部某城之全体医师公决，劝民众不要沐浴，因不合卫生之故。古人之愚，真可笑也。

妇女非独要洗澡，并且要“清道”。清道之西名曰“渡洗”（douche），有专器，有专药。药不可过浓，浓则避孕，器不必过贵，贵无实益。

原载一九三八年六月十日《晶报》

死亡与放发

人临死将断气之感觉，据医师云，与“为人”时将“放发”之感觉颇为相同，是以世人有“快活死了”一语。快活，乐也；死亡，苦也。苦乐二者，性质相反；既然“快活”，何以“死”耶？曰，大乐颇似大苦，至大之度，至高之点，不论乐也苦也，使人心乱，使人惶惑，不能辨别何者属死，何者属乐。

世有因乐极而真死者。史载匈奴国王阿提拉（Attila）[生于四〇六年（？），卒于四五三年]，薨于少年之后之臂中，盖脱阳耳。数年前，《柏林临床周刊》谓某少年正与其新娶之妇行周公之礼时，其岳母忽然推门而入，少年一惊而死，因大动脉（aorta）破裂之故，报告此事者，赫德（Hert）医师也。

医报中载乐极而死之事甚多，兹述近年西洋所发现者，翻译其大题数则如后：

（一）六十老人与素不相识之少妇合体，事毕出门，即倒地而死。

（二）旅馆经理与好行方便之某寡妇接合，事毕即死。

（三）著名之某某，即第某军之军长也，与某妓合体。

事未毕而身已亡矣。

（四）某某，乡村人也，年七十，入妓院，死于事将毕而未毕之际。

乐极而死，大概不是脱阳必是恐惧，但世有只顾快乐而全不恐惧者，希腊哲学家葛赖提施（Crates）是也。一日，葛与某女在雅典（城名）某庙内之廊下偷偷“行礼”，其时适有人经过，高声问曰：“你们在那边干什么？”葛既不放手，又不惊惧，淡淡答曰：“我正在种一个人（Hominen planto）。”

原载一九三八年六月十二日《晶报》

订与未订

女子之已订婚者及未订婚者，其行为、思想大大不同。已订婚者言语少，未订婚者言语多；已订婚者计划将来之福利，未订婚者只顾目前之舒适；已订婚者大多谨严，未订婚者大多浮动……间有订婚后、结婚前，神经衰弱而往医院中求治疗者，兹节译此类女子二人之自述如下：

（一）女名梅丽（Mary），每日与未婚夫共坐共谈约三小时，“我们二人，每日离别的前数分钟，常常讲到性事，他吻我，并且搿住我的胸部紧挨他的身体，我很兴奋。在夜间醒来时，觉得他的脸还没有离开我的脸。我能忍耐，不晓得他每天回家后怎样？”

（二）女名珍（Jane），信天主教，虽允其未婚夫“自由行动”，然以为有罪也。经过医师盘问后，彼答曰：“没有，没有，他真爱我，不过实在没有用手。他吻我是的，有的，但是他的手也并非完全不动。不，不，不在那边，那还了得么？他是一个君子人，他不会做那件事的。”

原载一九三八年六月十四日《晶报》

时间问题

“为人”之道，其主要因素在时间也。时间有长短，长者全夜，短者数秒；长者讨厌，短者不满，皆非正理。西洋心理学家有研究时间者，施德盖（Stekel）氏谓男子能超过五分钟者，世间极少；狄更生（Dickenson）与皮慕（Beam）两氏谓男子之十分之四，总在三分钟内了事。

依世事言，三分钟实在不短。飞机每三分钟可行十二英里，快马可行一英里半，雷电（radio）几可环行地球二周。但世事不得与“人道”相比，科学发明全在竞赛，而阴阳体合，不在赌快也。

西方似多速捷之阳性，医师所常闻之怨言有下列者：

（一）那来得太快。

（二）我无法撑住。

（三）我只能够拍几拍。

（四）我很像一只美洲西部的野兔（jack rabbit）。

（五）我是气短的。

（六）我的手指按在弹机（trigger）上，故一动即发。

据云，此类口出怨言之人，其侵袭之数至多六进六退，少者二进二退。男子如此，非身心两弱，必为“极生”也无疑，和好不易，得嗣亦难。

原载一九三八年六月十五日《晶报》

人乎？衣乎？

二十年前，西土某妇携其幼儿入展览会参观，见一名画，内绘三女神，皆裸体，问其子曰："三女神中，汝以何者为最美？"其子答曰："我不能决定，我不能作答，因彼等裸体，未曾穿衣之故。"彼孩所见之美，不在皮肉与其曲线，而在衣料及其颜色，习惯使然，无足怪也。至于今日成人之类此小儿者，世间并不稀少。德国文豪戈德[1]（Goethe）氏曰："人常高声而称赞女子曰'彼足何其美耶！'其实此等人所见者，非真足也，一鞋而已。又吾人常称美人之腰，其实吾人所见者，何尝是女人之腰，不过覆腰之衣或其带耳。"

希腊人所雕刻之女像，皆无阴毛，因当时不以之为美，生人皆得去之之故。后来英法德美妇人，无除此蓬松者；然所雕之像、所绘之图，全依古时格式，不将须形加上，可谓失真之至。

德人许尔兹（Schultz）氏所著之《娴雅生活》中，转载一三六七年《猛芝纪事》一段云："该地男子，当时皆穿疏

① 今通译歌德。

松宽弛之袍，故或坐或立，每易自露其宝。”由此观之，猛芝（地名）之民必为实际“赏鉴家”也。

原载一九三八年六月十八日《晶报》

苏俄婚律

苏俄婚律，吾国知之者极少，兹述其大要如下：

（一）结婚非登记不可，此法律所规定也。但事实上之婚姻，亦承认之。所谓事实上之婚姻者，以（甲）同居，（乙）共户及（丙）夫妇关系三者合而成之。

（二）无论男女，已与一人结婚后，同时不得再与第二人结婚。

（三）不论夫或妇提出离婚之请求时，法律即准许之。

（四）结婚前夫或妇之财产，于结婚后仍为特有物（私产）；婚姻中夫或妇所得之财产，则为共有物（公产）。

（五）贫病时，或离婚后一年内，夫或妇各有支付及索取生活费之义务与权力。

（六）嫡出子及私生子，法律不歧视之，而其父母亦必同负教养之责。争执之点，法律皆有规定。亲权施行不正当时，法庭得干涉之。

由此观之，苏俄法律并不重视男子而轻视女子，但“家庭神圣”“婚姻可结而不可离”等欧西高调，现已不唱矣。

苏俄婚律之英译本，由莫斯科之合作出版社发行。

原载一九三八年六月十九日《晶报》

事前九触

人有五官，故有五觉。五觉者，视、听、嗅、味、触也。行事之前，五官均当尽量应用，而最要者为手，即造成触觉之主体也。触可分为九类，如下：

（一）皮肤小激。此以手指在皮上轻轻一触也。

（二）微按皮面。此以手接近人之皮肤而按之也。

（三）亲然抚弄。此即继续行动而不停止之摸或抓也。

（四）重捏筋肉。此先用力捏持筋肉，然后放松也。

（五）玩弄发际。此以手心按住头发而摇动之，或以手指插人头发而梳理之也。

（六）捏弄关节。关节相近之处，感觉灵敏，轻轻捏之，最易动人。

（七）激动“情地”。情地，亦称“爱带”，即阴性爱情所发生之处，胸与阴也，有敏锐之点，可以手指揉之。

（八）用力紧迫。膀腿无别，应用力紧握，使之微微作痛，时间要短。

（九）全身之压。此即翻身而上，压住在下者，如小孩打架然。但此系玩耍，非指性合也。

见面时之握手与跳舞时之抱腰，尚不在上述九触之中。至于通常接吻,亦触之一类,非味觉也。世之善于利用触觉者，无知之辈误称为点穴专家，可笑之至。

原载一九三八年六月二十一日《晶报》

最新理由

近来西报载美、法两国离婚案多件，兹择其理由新奇而足以惊人者，节译之如下：

（一）打房门

商得时（Sanders）之妻名沙拉（Sarah）在公堂上要求离婚时陈述曰："他并没有真的打我，不过他用拳头击房门，并且口中不干不净地说'我巴望这扇门就是你的身体'。"（事见美国《时报》）

（二）绑假牙

韦尔逊（Wilson）之妻扣住其夫之假牙，谓非给两元决不将原物交出。"其行为类似绑票者，非吾偶也，故要求离婚。"（事见美国《时报》）

（三）大损失

巴黎某姓妇控告其夫，要求赔偿损失，因结婚后连产六孩也。（事见《纽约新闻讲座》）

（四）烧鸡吃

贝克（Beck）手捉活鸡击其妻之首，鸡受震而昏，似乎死矣，贝苏醒之，并嘱其妻杀之炊之，妻怒，控之公堂，要求离婚。（事见美国《时报》）

（五）不反对

舞女亚达（Ada）要求与其夫林耐德（Leonard）离婚，其律师在公堂上作明析之解说曰："她所反对的，就是因为她的丈夫不反对她所做的下流事。我讲得这样明白，想审判长及旁听者都能明白了。"（事见美国《新闻周报》）

（六）唱小曲

胡冯士登(Hoffensten),电影家兼诗人,被其妻控于公堂,要求与之分离，因胡常喜在彼面前口唱隐含讥刺之小曲也。胡最得意之曲如下：

你不在家时,我心不安,我冷静,我悲惨,我烦恼,我忧闷。

但是，我的亲爱呀，现在又要吵闹了，你已归来，我仍觉不乐。

原载一九三八年六月二十二日《晶报》

西土文豪

西土文豪，多同性爱者，今先述巴伦（Byron）之轶事。

巴伦，英国诗人，生于一七八八年，卒于一八二四年，彼云："我之同学友，皆能使我发热烈之情。"当时男女不合校，可知巴翁意中所指，在阳而不在阴也。彼所写之诗，有以女子之名为题者，但细考其内容则皆因阳激而起。

巴伦在意大利时，遇见旧友葛爵爷（Lord Clare），彼神思慌惚，几乎不能自主。二十二岁时，认识一少年，与之同出同入，亲密之至；巴死后，遗嘱中有此少年之名，并传与英金七千镑。

再言韦尔德（Wilde）。韦尔德（一八五六—一九〇〇），吾国有译音"王尔德"者，爱尔兰近时诗人兼曲剧家也。彼生性文雅，不喜粗俗，思想精密，笔墨完美。少年时娶妻生子，全无同性之行为，后来忽然变相，结交下流青年。某日，因韦氏举动过分癫狂，警察拘之，且于法院审问后拘之狱中。当时之人，闻此事者，皆咒骂之。韦氏出狱后，拟著一惊天动地之杰作以恢复其已失之名誉；不料，彼身心两衰，无法振作，不久死于法之巴黎，旧时亲友，莫不恨之人骨，皆弃之而不之理。

嗜好同性之文豪，除巴、韦两氏外，尚有英诗人丁耐逊[①]（Tennyson）、美诗人惠德孟[②]（Whitman）等等，其故事极长，他日有暇当再细述之之。

原载一九三八年六月二十三日《晶报》

① 今能神译丁尼生。

② 今通译惠特曼。

将来之恋爱

英国著名小说家韦尔士[①]（H·G·Wells）所著之《未来世界》中，亦提及将来之恋爱。所谓将来者，约西历二千年也。西历，通称 A.D.，我主之年也（“主”指耶稣）；韦氏则称 C.E.，耶教纪年也。《未来世界》之英文原题，倘直译之，当为《将来事物之形式》，余有一九三三年大字精印本（初版），原价十先令半，合现今法币十二元六角。区区一小说，定价如斯之昂，今日之西文学生，真无求获新智之途矣。

下节引文，译自《未来世界》之四〇二页，即言将来之恋爱者：

> ……新邦运动发展后，一种反对性感或情感之空气，满播于其中，因情性之感觉，费时费力。事务忙者，无暇顾及也。又因感情最易发生阴谋，最易使人不忠不实，故耶教在古昔严谨之时，亦禁止信徒将精力消

---

① 今通译威尔士。

耗于酒色中也。惟性之新式严谨，与旧时之严谨不同，新者容许生育节制，轻视正式结婚，宽恕少年放荡，但最注重：（一）公众端庄，（二）尊视性事，（三）结者不离，（四）恋人互忠等事。是故世界进至本期，即 C.E. 二千年，守一夫一妻之制者，较前愈多；虽人人皆忙，但愈规矩，愈庄重。

《未来世界》，非预言书，实高调书也。吾国亦有唱高调者，如数年前，某公欲将西湖填为平地是也，然终不及韦氏之抽象而多兴味。

原载一九三八年六月二十六日《晶报》

郎才女貌

阴性吸引阳性在乎美，阳性吸引阴性在乎力，此近世进化学者所倡之理论，亦即吾国之所谓“郎才女貌”也。

“美”，抽象之词也。女子之美，究在何处？曰，面貌与身材耳。面貌端正、身材苗条，实为阴性美之第一条件。至于皮肤洁白、步态活泼，真美上加美矣。

阳性之力，口才也，金钱也，壮健也。今男子二人于此，一体强、能言善辩、囊中常满；一身弱、口吃舌结、腰无半文。试问女子愿嫁何人？前者乎？抑后者乎？

吾国女子，有爱“小白脸”者，此似乎“以貌取人”矣。殊不知爱小白脸者，其所取实不在面貌，而在功夫也。所谓功夫者，吹牛拍马也，不吃醋也，不跳槽也，不发脾气也，不搭架子也，勤而不懒也，善尽其职也，并能以女子给彼之钱之一部分仍为女子而用，使其心欢意乐，全无恶意，绝无怨言。依此言之，男子之功夫，即男子之强力。

阴性不尚阳貌，有证据二：（一）昔法国优伶雷甘（Lekain）面貌丑陋之极，唯女子喜观其演戏，喜与之交游，何哉？因女子所嗜者，本非美貌，而为烈情；有强力，然后生烈情；有美貌未必是“真才”。雷甘貌虽不美，富于烈情，暗合妇女所需之条件也。此故事见法人施登达[1]（Stendhal）所著之《恋爱》第十八章。

（二）英人某结识女性甚多，不下三百余人，有结婚者，有未婚者；有年老者，有年少者；又有店员、仆妇、妓女等，其中一部分与彼专交朋友，另一部分则与彼有较密切之关系。彼云：“数百女子，经我细细考查后，知其中绝无一人见男貌美而立时意欲吻之、爱之，或后来竟嫁之者。吾辈男子，见一美丽之女，往往有吻之之意。女人见男子时，决无此种心理。”

原载一九三八年六月二十八日《晶报》

① 今通译司马达。

须　髯

须之功用，今昔不同。古人栽培之，愈长愈佳；愈浓愈美。《天方夜谭》中云：“上帝（Allah，音‘阿拉’）特意创造天使，令其赞美主宰之恩，即赐男子以长须，赐女子以长发是也。”旧约《撒母耳记下》第十章云：……亚扪人的王死了，他的儿子哈嫩接续他作王……大卫差遣臣仆为他丧父安慰他。大卫的臣仆到了亚扪人的境内，……哈嫩便将大卫臣仆的胡须割去一半，打发他们回去……大卫……因为他们甚觉羞耻，（差人）告诉他们说，可以住在耶利哥，等到胡须长起再回来。”由此可知古人以多须为美，无须为羞也。

但后来西土之人，以不蓄须为美，并且有以蓄须为野蛮者。德国哲学家萧本华[①]（Schopenhauer）云：“须者，文化之测验表也。”其意盖谓须长则文化浅，须短则文化深。须为性之表示、性之引诱，阳性未必因蓄须而更美，亦不必借此以表见其力量，故蓄须实为多事，去之反增清净也。

---

① 今通译叔本华。

时代不同，“翻新”（freshen）大变，今日视为美者，他日未必视为美；今日视为丑者，他日未必不视为美，男子之须然，他物亦何尝不然。

原载一九三八年六月二十九日《晶报》

巢史之言

巢史[①]（Chaucer），英国诗人，生于一三四〇年（？），卒于一四〇〇年，其于所著之《牧师之谈》中曾提及性事，兹直译之如下：

……上天造人，本有使之用力自杀，用口自醉之意，故人之爱妻要慎重，要耐而有节。其合体也，应知三事：第一，育儿所以侍奉上帝也，此为婚姻之最大目的；第二，夫妇两人间，应互相竭力，各尽其应尽之义务，且对于自己之身体，双方均无自主之权；第三，双方应免除淫乱。三事之外，倘有第四件事，必为邪恶。夫妇合，专为肉体之爱而不为上述三事者，犯罪也，因其志在欲念也，此吾人所不可不知也。呜呼，世之自讨苦吃者，饱食而不止者，实不鲜也。

巢史，文豪也，非心理学家也，其言性事，难免引人一笑。

原载一九三八年六月三十日《晶报》

① 今通译乔叟。

真乏力者

真乏力者，无性能也，男女皆恨之。男人所以恨之者，因自觉羞惭而无法补救；妇女所以恨之者，因被人罗唣而绝无享受也。近来西洋研究“乏力”者甚多，其中以改不猛（Karpman）氏解说最明、定义最详，兹直译其全文如下：

男子对于异性全缺志愿者，或志愿甚弱，永无会晤其“偶”之行为者，真乏力也。真乏力者，有时亦发生性意，但中途自设障碍物，阻其达到原定之目的。

真乏力者，虽体态昂昂，终不能实行其事，因一触即发，太早太速也。另有一类真乏力者，不能昂举，或举而不坚，不能进退，或全无趣味；此类麻木者，实双倍乏力也。

真乏力者，于达到最高点时，非独全无乐趣，且反觉痛苦。

真乏力者，不常耸动，然亦有耸动不已，一而再，再而三，反复试行而终觉不满者。此种人虽似有力，实则不然。余无以名之，名之曰“讨求无厌之糊涂虫”。

最末，凡事毕后觉尚未消解者，虽进退合格，

亦得以乏力称之。

上原文见一九三三年七月号之《精神解析杂志》（第二十卷，第三号）。

乏力，西名“阴不登”，病也，其原因有五：（一）天生残缺，（二）分泌混杂，（三）神经错乱，（四）体弱多病，（五）精路欠通。他日有暇，当一一说明之。

原载一九三八年七月五日《晶报》

垂乳与乌目

女子之乳，吾人总以坚实、高耸者为佳。坚实系满足不虚之意，非强固如石之谓也。但非洲人不以高耸为美，而以下垂为美，是以阴性于发育后即从事绑缚工作，使乳悬挂。吾国旧时女子，必带肚兜，紧缚之使乳平伏，亦恶习也。

非洲埃及人，又喜女子眼大而色乌。非女之眼，本极大而且黑，但女子时髦者尤以为未足，故常用颜料涂其眼皮。彼等所用颜料名曰“盖泪奶”（galena），即方铅矿。非女有用“苦儿”（kohl）涂其睫毛者；“苦儿”者，黑粉也，化妆墨也。

原载一九三八年七月九日《晶报》

乏力原因

天生残缺

世间最难治疗者，天生残缺也，唯发现极少，不必恐惧。

天生残缺为乏力原因之一，有十四个分类，如下：

（一）器不存在（即器不露形，不能见也）；

（二）器体微细（即不合标准尺度，太短太小也）；

（三）龟头全缺（即头尖干细，一根到底，不成物也）；

（四）中乏竖体（普通之器，多含树立之质，此则全缺）；

（五）器与丸合（即双丸与性器合并，器不成器，丸不成丸，不能各司其事）。

（六）道分正副（道，尿道也）；

（七）尿道不满（即不成形，不完全也）；

（八）道门误开（道门者，尿道之出口也，其错误即另开新门，不由正路，有向上冲及向下淋两种）；

（九）道瘘天生（瘘者，肿也；道肿则流质经过时必痛。天然之肿，极难医治）；

（十）天生狭道（尿道狭窄，流质外溢，颇不自由）；

（十一）两性俱备（有全两性与半两性之分）；

（十二）龟头成双（即器分两个头也）；

（十三）器中生骨（器中有硬骨，略举即痛）；

（十四）系带太短（舌下有带，曰舌系带。器亦有带，曰器系带。系带过短，有碍昂举）。

上述各病，为乏力五个原因之一，轻者可治，重者难医。其他四个乏力原因，暇当述之。

分泌混杂

分泌者，内分泌也；混杂者，误而乱也。譬如阳性机构，全借双丸所供给之分泌，幼时去丸者，或有丸而不显者，皆缺乏性力，皆不得称为真男子。“假”男子，声音尖响，阴毛稀少，具不发育，面不生须，唯股肥乳大，活像女人。

分泌混杂，最易致成“巨人性”（gigantism）。巨人性者，四肢巨大或面部歪斜也，初犯时尚可医治，倘牙床已经突出，则成分泌瘤肿之症，永为乏力之人，无可补救矣。

乏力者以为多食补药必有奇效，故世之售牛丸粉（？）及牛鞭丸（？）者，无不立成富豪。不知牛笨物也，体力固大，性力实不强也。牛鞭牛丸，可以增有力者之力，不能使无力者有力也。

男子之因甲状腺（thyroid）欠缺，分泌不灵而乏力者，不可治疗，此种人身体矮小，言语缓慢，常作似痴似愚之举动。甲状腺欠缺者，世间绝少。

过分肥大之人，必性弱者，因性之要素（即内分泌）误走道路，不增管体，而增他部故也。

下次当述神经错乱，即乏力之第三原因也。

神经错乱

神经错乱，大概是由脑部或脊骨受伤而起。脑脊有病者，无不神经衰弱，无不乏力。致成此类乏力之种种病名，可细述之，如下：

（一）脑出血；

（二）脑塞病（亦称血栓病）；

（三）脑生瘤；

（四）睡眠病（即嗜眠性脑炎）；

（五）脑膜炎；

（六）硬化症（筋不健，全面硬化也）；

（七）脊髓炎；

（八）麻痹症（俗名中风）；

（九）瘦削症（亦称运动失调）；

（十）露加密（loukaemia，白血球过多之症）。

除上述十种外，尚有一种，名曰“昂举症”（西名“排笔形”，priapism）。昂举者，本人绝无性愿，但阳具勃然久而不衰，且无法使之下垂也。此症发现于完全乏力之前，而跟随于硬化症、脊髓炎及露加密之后。

疾病之外，烟酒亦能致成神经错乱，因而乏力。烟，指卷烟与鸦片而言，烟量日增，则性力日减。鸦片决不可上瘾，有瘾而量大者，全无“为人”之愿。每日吸纸烟在三十支以上者，其能力亦无不逐渐消尽。酒质精良而饮之不多者，兴致勃然，过量则反是。

传闻西土陆军之厨司，皆受命以硝石（saltpeter）少许混入白糖，使食之者安心受训，无意“为非作恶”，未知然否。又闻西方老弱之妇，亦有暗以此物敬其夫者。硝石是否可以昏迷神经、减少性欲，尚属疑问。

体弱多病

体弱多病，多病者药。药者，攻击物也，本身包含毒质，受纳毒质过多之人，其性愿无不减少，性力无不减小，是故体弱多病者大多“乏力”。但此类乏力之人，绝不自发怨恨之言，因周身痛苦极多极大，昂举与否无暇顾到，不成问题也。

致成性力衰弱之病，不外下列者：

（一）贫血病（分恶性者与副次者），（二）肾脏炎，

（三）糖尿病，（四）动脉硬化，（五）痛风，（六）恶液（因营养不良而起），（七）老衰，（八）流行性感冒。

第八种，即流行性感冒，据某西医言，最易致成分泌不灵、器管不活，但尚未经科学上之证实，故医界不予注意。

除上述八种病可以使人乏力外，尚有一种，即梅毒（亦称杨梅疮）亦可完全消除性意性力；唯治疗得当，治疗及时，未伤脊髓者，病愈后仍然照常"为人"。

精路欠通

精路欠通，大概因下列诸病而起，尿道专家可以医治，患之者不必恐惧而失望也。病名如后：

（一）包皮过紧（患者极多，可以割治）；

（二）系带太短（系带，犹如舌下之带；太短，则有碍昂举）；

（三）道口针状（谓尿道之口，其细如针尖也，亦可医治）；

（四）摄护腺类（当然可治）；

（五）精中含疱（较难医治）；

（六）尿道狭窄（现在之尿道专家有法可以使之渐渐改大）。

昔时医师，很注重所谓"凡路忙推轮"（vorumontanum）者，以为此乃生力唯一要点也，故每遇乏力者即以银针激之；不知因激而生之力，预支之力也，非独不能持久，反而有碍将来。研究乏力者，不可不知之。治本为要，治标无益。

原载一九三八年七月八日、十日、十五日、二十五日、三十一日《晶报》

昂举病与色欲狂

昂举病，西名“排笔形”（priapism），患之者勃然挺起，久而不衰，一再合体，仍不解脱也。昂举病与色欲狂不同，昂举者无性意也，不欲追求女子也；色欲狂者有性意也，急欲获得异性也。

色欲狂有男女性之别。男性色欲狂，西名“萨帝猎西施”（satyriasis）；女性色欲狂，西名“年妇媚倪爷”（nymphomania）。古书中有男女色欲狂之故事，兹述数则如下：

（一）男性色欲狂，即“萨帝猎西施”

希腊神话称，大力士胡顾烈士[①]（Hercules）在世时，功迹之大者共计十二，内中以一夜之内使某姓女子五十人全体受孕为最奇妙。又罗马国王倪禄（Nero）能于二、三日内破女子百人之身。此狂也，但非体力超群者，不能为之。

（二）女性色欲狂，即“年妇媚倪爷”

世传昔时名妓胡宝玉有“屋”三处，定时而往（上午、

① 今通译赫拉克勒斯、海格力斯。

下午、夜间），各择健者为侍，有武生，有拳师，非此则心不乐，未知确否，然不足为奇也。最奇者莫如罗马王妃梅沙赉纳（Messalina）也，梅妃在宫中已淫乱非常，但犹以为未足，每晚必往城中之妓院多处，自称“赉弟”（Lydia），免费任下等男子“蹂躏”，天明归来虽精疲力尽，然意尚未满也。当时罗人一句土话曰“彼归家时，身倦，而心不足”（lassatased non satiataexit）。

罗马诗人裘维纳（Juvenal）述王妃罗飞乐（Saufeia Laufela）一日与众妓赌赛，谓凡作体最佳，真能使旁观之男子动心者，得上赏。据云，罗妃表情超越妓众，故自赏自得，莫敢争执。但妃用心过甚，用意过专，表现之后不能自主，遂高声曰“众人，来！众男子，都来！此其时矣！此其时矣！”

罗妃者，赵飞燕之匹也（罗妃决然不能胜过飞燕），本《晶》阅者想已早见《昭阳趣史》一书，内所述者，皆飞燕之“年妇媚倪爷”也。《金瓶梅》所述者，大半是西门庆之“萨帝猎西施”。

色欲狂之总称，即不分男女性者，西名“意乐多美女”（erotomania）。

原载一九三八年七月十二日《晶报》

怪 律

不久之前，纽约有一单身青年步入某旅馆之酒楼中，坐下，意欲小饮。仆欧见之问曰：“先生，你的女伴在哪里？”青年曰：“我一个人，没有女伴。”仆欧曰：“那么，请你出去，不要坐在这里。”青年曰：“这是什么道理？”仆欧曰：“这是规律，本楼不接受单身无伴之男子。”

单身无伴之女子，今世之酒楼亦有不接受者，匈牙利是也。

现今世界，固然文明，但各各限制人民之自由尚不止上述两事也，请阅下文：

（一）古巴国不准未婚之女子入境游览，但有正当职务非在境内举办不可者，或其家属如父母兄弟姐妹早在境内者，则不在此限。

（二）一九二八年，匈牙利规定凡为旅馆中女侍，其年岁非满足四十不可。

（三）行驶于南洋群岛之轮船，常有一种条告，禁止女仆入雇主之房舱。

（四）美国密苏里州，禁止妇女于汽车中坐于男人之膝上。

（五）接近纽约州之长滨，禁止男女携手在滨上散步；

游泳时，男女之隔离必在六英寸以外，否则犯禁，沿滨有许多查察之警察，手中持尺，随时测量。

（六）一九二六年，法国陆家路（Rocroi）之市长，禁止十五岁以下之男孩及十八岁以下之女孩入公共舞场，唯有父母陪同者，则不在此限。

（七）一九二六年，意大利米兰城之警署封闭舞场十处，那不勒斯城封闭二十处；在波伦亚城之某一舞场中，共捕女子一百五十人，男子二百五十人，皆年在十五与十八岁之间；在孟都亚城捕去女子二十四人，次日四人一排，令之游街示众。

原载一九三八年七月十八日《晶报》

怕 惧

患神经病者，无不胆怯恐惧，此种人或怕自己工作过忙，脑筋受伤，或怕自己房事过勤，性器不良。

怕惧之种类，总在一百以上，最大最要者如下

（一）怕入狭隘之处（claustrophobia）；

（二）怕到洞开之地（agoraphobia）；

（三）怕触不洁之物；

（四）怕遇异性之人；

（五）怕见生疏之人；

（六）怕看电光闪耀。

凡怕惧此六种及其他者，无不神经衰弱，亦无不性力衰弱者。大多患神经病者，其手震抖或以手指常在桌上轻击，走路时横冲直撞，说事时将小化大；只知有己，不知有人，因心已麻木，故不识好歹，不知义理也。

原载一九三八年七月二十九日《晶报》

阳性手臂

男子之手与臂，除正式工作之外，尚有其他功用，如握手、搀扶是也。

握手有紧、松；全、半之别，何时应用何法，何人应用何法，凡为男子者不可不知之。握手得当，则一世成功；握手不得者，则一世失败。美国心理学家兼教育家霍鲁（Hall）氏（一八四六——一九二四）引一贵妇之言曰："我从前曾经说过，我不论喜欢一男子的程度如何高强，倘然他握手之法不得当，我总不愿意嫁他。现在我自以为我的意见无误。"（按，此贵妇之姓氏不传，故不知其夫之手，即其所喜被握之手，究为何种式样也。）

英小说家艾丽德（Eliot）氏（一八一九——一八八〇）曾著一书，题曰《溪傍磨坊》，内云"男子以坚强之臂作搀扶之状授与同行之妇人时，最易获得受者之欢心。妇人并不时时需男人之帮助，但自身以外之力，阴性十九承接之且永久感激而不相忘也。"[按，依此则英人称妇女为"弱性"（weaker sex），真有理也。]

原载一九三八年八月五日《晶报》

自爱之妇女

妇女与男子同，有嗜“自爱”者，自爱之西名曰“拗肚一意乐提神”（auto-erotism）。

自爱者，暗中私行之事也，除自己外，他人似无以知之。但近世医师及心理学家之探究其事者，谓自爱之妇女有种种表象，不难认辨也，兹将法人布依埃（Pouillet）氏考查所得之结果译其大意如下：

自爱之妇女，现露三种表象：（甲）属于身者，（乙）属于心者，（丙）属于“器”者。

（甲）属于身者：自爱之妇女，皮色青白，目现忧状，眼皮红肿，下露灰白半圆形，双目向下呆视；手臂震动，立脚不定，头痛，晕厥；胃痛，夜间多梦出汗。

（乙）属于心者：此种妇女，静默不多言语，面现不乐之色；胆小，惟常发脾气；畏见父母，怕见生客；不善工作，记忆不强；不好游戏，惟好独居；推托唐突，倒是专家。

（丙）属于“器”者：自爱者之“器”门，较常人外展，其内膜已破（不一定破，有不破者）；门外、道中，异常潮湿，异常扩大，且门色灰而不鲜；阴核加长，必有擦损之处。

原载一九三八年八月六日《晶报》

血族婚姻

同姓不婚，古礼也，但非天下通行。埃及当杜理密（Ptolemy）王族时代（在西历公元前二世纪），男子无不以其姐妹为妻，而古昔身毒（Hindu）宗教上亦有娶侄女为妻之义务，英人侵入后始禁阻之。

叔侄、兄妹、姐弟结为夫妇，是名血族婚姻（consanguineous mariage）。倪奇（Nygge）医师云："血族婚姻之结果，痴笨子女也"。

此说似是而非，名医家及心理学家仔细考察，证明不确，盖非血族者结婚后亦能产生愚鲁体弱之孩，而兄弟姐妹为夫妻者，不一定生育无智无识之子女也。

但当今之世，绝少血族婚姻者何故乎？曰，亲密如叔侄兄弟姐妹，自幼即同居共活，互相间之视觉、听觉、触觉，经久而迟钝，全无刺激之力，是故不生爱情。倘出生后，彼此即不见面，则日后相遇，母亦能"爱"其成人之子，女亦能"爱"其灰发之父，兄妹叔侄更不必谈矣。

非独人类血族不婚，即禽兽亦然，例如同窠生长之鸽不交，蜜蜂不在自己“房”中下种是也。然世亦有愈接近而愈“亲爱”者，例外也，神经不清也，天生有“乱伦”（incest）之骨也。

原载一九三八年八月九日《晶报》

预　防

预防之法，最妙者洗濯阴具也。所谓阴具者，包括两部：（一）尿道，（二）膣道。尿道不易洗濯，唯可于事前以天然排泄物中去病菌。洗濯膣道，药房中有机器并有药品出售，购之极易（水银质及肥皂质者不宜用）。膣通子宫，含毒之子宫，每于“不要身子”时向外展发害人之菌，阳性应注意之。是故欲求万分安全者，不得不穿可靠之“雨衣”[①]。但穿衣行事，实在乏味，且极可厌，故西土科学国之男子事后多采用下列之法：

（一）用百乐大果（protargol）（即银质蛋白化合物）一滴或两滴射入阳管中，捏持不使流出约二分钟；二分钟内无论如何不可小便；注射器可以滴眼药之小玻璃管代之，管口可以手指扳开。

（二）用热水冲淡任何防毒药物，注入管中，但不可过多，亦不可过深，恐误入膀胱而生危险也。

以上二法，可任择其一，不必两者同时用也。再，“雨衣”

---

① 指避孕套。

每盒十二件，内有（至少）一件含目不易见之漏孔，故避孕者常常“上当”，用之者不可不知。

原载一九八三年八月十日《晶报》

禁忌房事

民初多尚迷信，禁忌房事，一例也。余于西书中得数十则，兹择较有趣味者，节译如后：

（一）非洲刚果州之主教，于巡察各区时，已结婚者不宜性交，否则教主遭灾。

（二）北美土人，于出征之前三日（包括夜间），完全不行房事，否则战争惨败。

（三）许多猎者、渔者，于出发之前不行房事，否则必一无所获。

（四）交趾[1]妇人，于预备酵母制酒时，不与男子“行礼”，恐酒发苦味也。

（五）婆罗洲人之妻，倘然“不忠”，则其夫出门寻求樟脑，必无所获。

（六）罗马帝制时代，禁止乱伦，因亲族相通，国内无不饥荒之故。

传闻近来内地之冒充游击队者，每到一处，专事劫掠，

① 中国古代地名，在今越南等域内。

全不奸淫，彼等称奸淫为“开花”，欲开人花（即强奸妇女）者，自己必被人开花（即带彩，亦即中弹），此迷信乎？抑“士气”耶？

原载一九三八年八月十一日《晶报》

不必规定时间

夜间接合者，常道也，人类百分之九十莫不如此，其原因有二：（一）晨间、午间、黄昏，在有父母者或有子女者之家庭中，无法关锁房门，禁人出入；即使上无父母，下无子女，仆役中难免有好奇而故意来敲门探问者。（二）行礼必先去衣，事毕重穿，需时需力，且调整枕被、理发美容，亦极繁琐，人多惰性，不愿于公后疲倦时为之，是故家庭中绝少“吃热炒”者也。

“热炒”，谐音，白昼接合之别名也。本《晶》某公前告我云，清代名人纪某（乾隆进士）嗜食热炒，常于宾客满堂之时向众人言曰“请稍坐，我去去就来”。数分钟后，彼已完毕而出来酬应矣。纪公姬妾甚多，皆待于厅后，任其选择而应用也。某次，有至友问彼云：“公何不在夜间耶？”彼答曰：“夜间我要睡觉，哪里有工夫呢？”

吃热炒最忌饱腹，又忌受冷，二者易致成伤寒，生命危险，宜注意之。晨醒行事，吾乡以“水破蛋”称之；午夜无名，“半夜餐”未知当否？

余意规定时间，似太单调，似太呆板；兴到即办，较多快乐，不知以为然否？兴到即办，不拘时刻，最宜行于外室，因上无长辈，下无下辈之故，即使有老太婆与拖油瓶，吾辈亦不必顾忌之。

原载一九三八年八月十二日《晶报》

男女步态之不同

步态，西语曰“概态”（gait），行走时之形状，或行走时首足及身体之运动也。

男女步态，全不相同。妇女之步度较男人之步度略短，此半依习惯，半由天性也。女子行走时，其股部向前突出之度较男人为大；其休止之状态较运动之状为多，男子则反是。妇女上半身之运动，全用腰间之力；男人上半身之运动，则借双臂之力。男人行路，常作前冲之势；女人行路，常作旋转之状。男人行路，似欲执住平衡也；女人行路，似欲保住平衡也。阴性步态之妙，莫妙于波动之式，且展发而不形变也。

上文节译德人施察之（Stratz）氏之《女体美》而成之，特此致谢。

原载一九三八年八月十三日《晶报》

几种小毛病

性病有似花柳而实非者，共有五种，不论男女皆应知之，兹将其名称及治疗方法开列并说明如下：

（一）尿道黏膜炎（urethral catarrh），此症大多因受凉或因“工作”时过分努力而起，然亦有因不洁或因消毒剂过强而起者，又有因橡皮“雨衣”激刺黏膜而起者。患之者尿道口（meatus）发现一种脓汁，其色淡灰（或黄色，极罕），尿中有丝状物，颇似白浊，但不传染，虽治之不易，然能自疗也。病人欲审察其有无脓汁，常强勒其管，是大大伤之也，绝不可为。

（二）包皮内生花（fig-wart），男子之包皮下，或女子之阴户口，有时发生一种形似菜花之物（菜花，即花菜，西名 cauliflower），奇痒出水，大概因懒于洗濯而起。此症不能自疗，轻者医师用干粉涂之，重者则用烘灼或电气。花在潮湿中最易滋长，故治此症不外干燥一法。

（三）龟头出脓水（balanitis），龟头及包皮内先生水，后出脓，大概因炎夏多汗，惰于洗濯而起，治之方法，使之干而已矣，或用粉敷，或夹棉花，均无不可。

（四）包皮松或紧。包皮紧，即包皮不向内缩之意，西名“非膜细丝”（phimosis），非请医师割治不可。包皮松，即包皮不向前围之意，西名“帕拉非膜细丝”（paraphimosis），此症能收缩管体，使之肿胀，危险万分，患之者应即延医诊治。

（五）毛中生钳虱（vermin），此因污浊床铺或不洁交媾而起，治之之法，可涂“绿色油膏”（blue ointment）或用火油擦洗亦可（汽油擦洗无效）。此种细虱，每两星期成一新虱，故预防复发，每隔两星期非重治一次不可。

原载一九三八年八月十五日《晶报》

频率与到达

吾乡有俚歌云："燕尔新婚一夜七，满月之后七夜一；早知如此勿均匀，还是当初一夜一。"所谓七者一者，均指频率（frequency）而言。频率，即度数，亦即次数。每日一次，已是旦旦而伐，已非常人所能；七次或能偶然行之，万难永续；七日一次，隐合易经七日来复之意，余以为至正之规也。

西土有研究频率者，狄更生（Dickenson）医师与皮美（Beam）女士曾合著一书，题曰《一千对人之婚姻》，内云，经彼等查问而仔细答复者共五百二十六对夫妇，其中八十二对，每日一次；一百二十四对，每星期二次或三次；一百零三对，每星期一次或二次；九十对，每星期一次或十天一次；五十五对，每两星期或四星期一次；十四对，每两月或六月一次；五十八对，每年一次或两次。

人之体质不同，频率亦因之而异，唯婚姻之圆满，不由频率之高低而定，婚姻圆满全赖呕膏乳沫，即阳性内放，阴性外发，确然达到最高之点之意。一放一发，倘在同时同刻，虽频率极低，双方无不快活，夫妇无不白头偕老，绝不离弃。

男子达到“呕膏乳沫”时，全管加长、扩大，虽良家妇女亦无不觉察；女子达到“呕膏乳沫”时，道狭而宫口凸，虽“强暴”之徒亦无不软化。妇女所恨者二事：（一）有运动而不放射，即俗所谓“空心汤团”也；（二）不运动而即放射，即俗称“到门投帖”也。男子所恨者亦二事：（一）干燥无汁，不肯帮助；（二）满面愁容，催迫速了。

男子性速，妇女迟缓，欲求同时，前者非用些手段以对付后者不可。所谓手段者，事前戏耍（fore-play），如搔搔手心，挖挖头发，捏捏大腿，摸摸双峰，讲讲野话，看看图画，搭搭肩架，抱抱细腰，亲亲唇脸，吃吃舌尖等等是也。“极生”不能舒舒齐齐做此种事，“捉住一贼，无不当夜就办”，故阴性莫不暗笑或明骂之，因自已得不到好处，达不到“呕膏乳沫”也。

男子达到“呕膏乳沫”之时间，西医有下列之统计：（一）一触即发，九分之一，（二）约二分钟，六分之一，（三）五至十分钟，普通之人，（四）十五分钟，三分之一，（五）接续不断，极少数人。

大概阳性达到“呕膏乳沫”一次，阴性于同时间内可以达到四次，初不甚烈，末次最烈。末次者，第三次或第四次也。四次总在十分钟以上，过十五分，则“人家人”无不乏力而嫌恶矣。一般妇女，连娼妓在内，不肯自称“到达”，天性也，无理可言。骚形怪状，狂呼“我出”，反是虚伪做作。但男子之老于其事者，莫不知对方之实情。有多数女子，于“到达”时，舌尖寒冷。

“呕膏乳沫”之西名[①]，倘有不知而欲知之者，请致信本《晶报》。

原载一九三八年八月十六日《晶报》

① orgasm，即性高潮。

“阀阅主义”

世间有一种奇病，心理学家以“阀阅主义”[1]（Voyeurism）称之，犯者非年老即性怯，不能竖立，独嗜暗窥。彼等所欲暗窥者：（一）妇女小便时之状态，（二）雌雄禽兽之交尾；（三）妇女爬梯或上山，（四）妇女仰卧于椅中，（五）妇女之真“具”或照相，（六）在板缝中或小孔中默观他人“行礼”。

非独男子，妇女亦有犯此病者。西土女仆，常在钥孔中窥视其男女主人，即最明之证据。

西土利用“阀阅主义”而获得巨款者，“密室”（maisons closes）之指导（老板）也。彼等半用影片，半用活人，扮演“春戏”，暗暗卖座，票价虽大，观众不绝，可见犯此病者世间实不少也。

原载一九三八年八月二十二日《晶报》

① 中译“观淫癖”。

血压与性激

受性激者，血压必高，此马曙东（Marston）氏之言也。马氏曾著一书，题曰《常人之情绪》，内述性激与血压之种种试验，皆于妓院内行之。西土妓院等于吾国之韩庄，往谒者莫不因受性激之故，是以马氏之测量血压，而知其较平常之时增高许多度数也。西方之人，想必脸皮极厚，吾国嫖客绝不愿在堂子中性激时受专门医家之调查也。

因性激而血压高时，心跳加强，血流加速，神思恍惚，胆大妄为……某牙医悦一美貌文雅之女，屡挑之而全无反应；一日，牙医与彼并坐几二小时，觉头昏脑胀，急求医师诊治，医师略一察视，疑其或受性激，为之测量血压，甚高，几达危险之度，因此问曰："她到底怎样？"牙医答曰"你已知道了么？……她的超然直使我心碎。不过她的德性确是高的，倘能要她为妻，我一切都不必疑惧。她那种女子，不会做不忠不义的事的。"

由此可知，女子愈文静，则悦之者之血压必愈高，因之而脑冲血而立时死亡，亦可能之事也。

原载一九三八年八月二十三日《晶报》

无感情之妇

世有绝对冷淡而乏感觉之妇女。德国专家敖赉[①]（Adler）氏云："十个妇人之中，四个全无性觉，不因丈夫之运动而取得快乐，亦不因丈夫之达到而自获外溢也。"妇科医师白鲁纳（Brunner）氏云："瑞士东部之妇女，关于性感一事，百分之五十完全不成问题（意谓不冷淡也），其余一半则不知不觉，确不懂事。余查考女性之机会颇多，故明此理。"

查考女性冷热，苏俄最为详尽。一九二三年，莫斯科大学刊布下列之统计：

（一）得快乐者，百分之四十八。

（二）恨性交者，百分之十四。

（三）不关心者，百分之二十九。

（四）随人变者，百分之九。

以上被调查者，皆大学校之女生也。"不关心者"，云不觉痛苦，亦无乐趣也。"随人变者"，谓与异性情意相投则乐，否则不然。由此推之，可知冷淡之俄妇约百分之

① 即阿尔弗雷德·阿德勒，奥地利心理学家、精神病学家。

四十三。

同年（一九二三年）东俄喀山（Kazan）大学，作相似之研究，其刊布之结果如下：

（一）好性交者，百分之四十四。

（二）不关心者，百分之三十四。

（三）恨性交者，百分之二十二。

依上列统计，冷淡者之数为百分之五十六。

苏俄于革命后，对于从前一切成见，一切神秘，全部取消，故学校女生自愿将实情告人也。

原载一九三八年八月二十六日《晶报》

性智性识

世人男女小孩，无有不嗜性智性识者，彼等求之之年、得之之源，西方均有统计，兹简述之如后：

男孩十岁至十二岁，为求智识最力之期（百分之六十）：次者，十三岁至十六岁（百分之二十）；再次，七岁至九岁（百分之十五）；最末，六岁前、十六岁后（百分之五）。女孩考求之期，较男孩迟一岁，唯百分之三称彼等直至订婚时开始探索智识。

智识之源，不外下列者：（一）父母（百分之一），（二）同学，同伴，兄，姐，妓，婢，奶娘，女招待等（百分之七十），（三）生理学，百科全书等（百分之十八），（四）古经典中之生命故事（百分之三），（五）观察兽类，如狗、羊、马、牛等（百分之二）。

吾国医界、教育界素无此种统计。闻某某会某君现已从事调查，未知确否？

原载一九三八年十二月三十一日《晶报》

自爱之统计

著名德医施德格鲁（Stekol）曰“人（不论男女）无有不自爱者”，此语也，依据可靠之调查而发，非臆造虚拟者可比。实行调查自爱之医师，英美德俄均有之。英国医师杜格时（Dukes）谓学生之自爱者，其平均数在百分之九十与九十五之间，美医师沙赍（Sarley）谓在百分之八十五以上，德医师罗赍德（Rohleder）谓在百分之九十以上，俄医师梅洛斯基（Meirowsky）谓普通学生在百分之七十一以上，医学生在百分之九十以上。复次，美国尿道专家杨恩（Young）教授谓自爱者之平均数，百分之百也。

侯许费鲁德（Hirschfeld）医师曾作自爱者年龄（四岁至二十岁）统计表，兹照录如下：

年　龄（岁）	四	五	六	七
百分率（%）	零点二五	一点八	一点八	二点三
年　龄（岁）	八	九	十	十一
百分率（%）	二点八	三点二	五点三	五点四
年　龄（岁）	十二	十三	十四	十五
百分率（%）	十五	十三点七	十五点五	十一点四

年　龄（岁）	十六	十七	十八	十九
百分率（%）	九点八	四点六	二点五	一点六
年　龄（岁）	二十			
百分率（%）	一点五			

简言之，十二岁前，百分之二十二点九；十二岁至十四岁，百分之四十四点四；十四岁后，百分之三十二点七。自爱是否有害身体，他日当再论之。

原载一九三九年一月七日《晶报》

自爱者之遗书

自爱者，不论男女，莫不神经衰弱，因自觉有罪也。西方有因自爱而自尽者，试阅下面所译一信，可知自爱之为害矣。信系女子所作，致其夫者，如下：

我的亲爱的峨特（Otto）：

您见此信时，我已不在世了，我以死赎我的罪。我不忍再生存于世，因为您视我为清洁的人，我实在是一个作恶者。

我告诉您罢，我自幼即实行自爱，结婚后仍不能免；我心力太弱，无法自制，现在我察见许多恶兆，就是自爱的结果。我的大病将到了！我不愿意连累您，所以我虽然痛心，也不得不情情愿愿地和您永别。我不敢正面看您，我也不敢正面看我的儿女，我的羞耻没有方法可以补救的，也没有言语可以形容的。

不能，不能，我不能再活了！您真爱我，请您接受了我的感谢，我希望您将来重娶之妻更能明白您的真情。

请您代吻我的两个孩子，我的离开此世，心中觉得很苦。

原谅我！我实在没法。

我以最后的呼吸，为您祈祷祝福。

上原信，见施德格鲁（Stekol）之著作中。

原载一九三九年一月九日《晶报》

过度之害

古罗马著作家名莘倪巴鲁阁施者，有《十二箴言》，详述性欲过度之害。兹直译之如下：

（一）房事过甚者，其排泄物之四分之一往往留在体中，不能外发。

（二）不节欲者，其体热减少；身热减少，则排泄亦少；排泄少，则呼吸促、心脏弱。

（三）不节欲者，其排泄物较普通人更浊，此种人常觉寒冷。

（四）房事进行时，排泄物外发，一遇阻碍即成便秘之症。

（五）因不节而立时受病者，胃也，即所谓胃寒症也。患胃寒症者，排泄受阻，其现象有二：（甲）眉毛抽动，（乙）四肢发抖。

（六）炎夏不宜交媾，非出汗多也，因消化滞也。消化机构最易受伤，唯不易恢复。

（七）交媾最伤目光，目中精神易去难留，应注意之。

（八）房事每使肝脏、肾脏发热。肝、肾之热，不易化散，但最易走入心胆及脑中，使之反觉寒冷也。

（九）是以性欲过度者，患肝气病，患肾弱病，患胃气病，患心跳症，患头痛病。

（十）与美者接触后，阳性不觉疲乏者，因心中快乐，能使全身依常规，消解排泄之故。

（十一）行房事后，倘硬忍不泄，易得睾丸发炎之症。

（十二）凡有下述诸现象者，未受伤寒之证也：（甲）小便如旧，（乙）行动如旧，（丙）呼吸如旧，（丁）体重如旧。

莘倪巴鲁阁施，不知何城何时人，其所著书题曰《生育学》（*Geneanthropoeia*），全以拉丁语写成。上译者，见第九卷。莘氏之言，是否可靠，尚待现代医师之证明。

原载一九三九年一月十一日《晶报》

自爱之治疗

微微自爱，于身无害，但终不合宜，犯之者立戒之也。任吉林（Reinh-Gerling）先生有简易治疗之法，兹转述其大意如后：

身体要绝对清洁，每日晨起时先用摄氏三十度之温水沐浴，渐渐减至二十五度；性器可以纯净冷水或普通肥皂洗之。

包皮内之垢脂，务必除去之。

大便要通畅，便结者可用摄氏三十度之温水灌肠。

饮食要小心，避免一切刺激物；不可饮酒，忌茶、咖啡及胡椒；肉类、鱼子、奶油等，亦宜少食。

米、面、茶、果最佳，不妨多食；常饮清水，睡眠前之三小时不可饮食。

每日要多多运动。

褥不宜用软者，患自爱病者宜侧睡，不宜仰天睡。

卧室要开窗，宜冷不宜热。

原载一九三九年一月十五日《晶报》

人乳与代乳

人乳者，婴儿之母之乳也，或奶娘之乳也。代乳者，非人乳者，奶粉或牛奶也。婴儿究以何者为最宜？人乳耶？抑代乳耶？西方有研究此类问题之医师。兹择要译其意见及统计如后：

婴儿不食人乳，亦能生长，但其发展究竟不同，有谓奶粉较人乳佳者，未免过分相信科学。又牛与人之组织不同，牛乳最宜小畜，对于小囝尚多欠缺。

心理学大家艾理赐[①]（Ellis）曾调查运动家之乳食问题，其所得结果如下：

（一）最上等之百人中，七十二人食母乳九个月或十个月。

（二）中等一百五十人中，六十五人食母乳六个月。

（三）下等百人中，五十七人食母乳只三个月。

余曰，母自乳其子女，苦事也，但非丧心病狂者，绝少不忍耐而不怨也。

原载一九三九年一月十八日《晶报》

① 即蔼理士。

极度与受孕

世人皆信妇女非达到极度（亦称高度）[①]，不能受孕，但此非科学，不一定正确也。譬如，在强权之下者，意乱力衰，绝无达到极度之可能，然有得胎者，即此可知极度与受孕非密切连合者也。

阴体极度，包含二事：（一）紧缩，（二）流质。紧缩催促对方，流质运输蝌蚪，此医理也；根据之者，遂谓非到极度，绝不怀胎也。但质有酸性，酸性过强，杀死蝌蚪，经紧催而来者，至半途而毙，有极度不如无极度也。

女王马利德赉萨（Maria Theresa），性最冷淡，不易达到极度，故结婚多年不产。医师范瑞田细细为之诊察后，告之曰，“臣启禀，女王于实行人礼之前，其最神圣尊重之门户，可先刺激之，为时愈长愈妙”，后来马利女王共产子女十一人。此故事谓非到极度不受孕也。

余曰，妇女各有个性，极而孕者，不极则不孕；不极而孕者，极则不孕。专信一个条理者，愚鲁之人也。

原载一九三九年一月二十三日《晶报》

① 指性高潮。

韩氏之统计

关于孝悌之变态，韩密尔登（Hamilton）氏有详细之研究及正确之统计。彼研究之法，全用问题，兹将第一、二、三类各问及其结果照译如下：

第一类

（第一问）汝与汝妇实行周礼时，曾变换方法否？（此问男子）

（第二问）汝夫与汝行礼时，曾变换方法否？（此问女人）

第一问之答：答问者共一百七十一人，二十人用口，二十二人用舌，十四人不变方法，七十四人变换位置，其余四十一人答语不明。

第二问之答：答此问者八十九人，八人用口，十三人舌取，二十四人不变方法，二十二人变易位置，又二十二人答语不明。

第二类

（第一问）汝对于变换方法，有何感觉？

（第二问）汝嫌恶变换之法否？

答上问者，男子六十八人，皆称不嫌；妇女四十九人，亦称不嫌。（收到此二问题者，男一百零四人，女子一百人。）

第三类

（第一问）汝之配偶（夫或妻），对于所变方法有何感觉？

（第二问）汝之配偶嫌之否？

答上问者，男一百零一人，六十四人称其妻不嫌，十人称不知；女一百人，六十五人称其夫不嫌，十三人称不知。

厉福德（Rivoers）氏曰："口与舌，恐于法妓娜拉（Nora）之前……正式结婚之夫妇已有行之者。目今西方文化大昌，其势力似能阻止之。……虽然，双方体健无病，间或学效边民或禽兽之行，想无伤害也。"厉氏之言，"闭门造车"，全不根据调查，不可靠也。韩氏实行调查，在一九二九年，可知口与舌之利用，自古已然，于今尤甚，与文化之兴衰绝无关系。

原载一九三九年二月二日《晶报》

湿 梦

男孩于成熟后，无不做湿梦者。何谓湿梦？曰，熟睡时自动外发，其感觉几与合体时之高度相等；醒悟后，寐中所见所为，十九遗忘，所存者只其“迹”也。

自动外发，成熟后之常规也，亦生活贞洁之表示也。倘视之为疾病，而以“梦遗”称之，误矣。但自动外发，至多两星期一次，普通总是一月一次。

意大利专家娲立诺（Gualino）曾经考查少年人之湿梦，而得下列之统计：

表一

种 类	全无性经验者	已知者、自爱者
人 数	百分之三十七	百分之二十三

表二

梦见之人	素未见过	曾经见过
人 数	百分之二十七	百分之五十六

湿梦，亦称情梦，普通男子总在十七岁时开始，此种梦，是视觉作用（visional），不是触觉作用（tactile）。

湿梦中所见者，绝非自己熟识或心爱之人，而往往为漠然无可考查之人也。已结婚者，梦见己妻时，断不发生射发。

阴性湿梦，与阳性湿梦不同，因阴性得梦后，增刺激而乏救济，只见臆选之人而自己达不到高度也。阴性湿梦者，其年必长，且大多数总在结婚之后。

原载一九三九年四月二十二日《晶报》

忧闷与欢乐

女子有忧闷，亦有欢乐。所谓忧闷者，不快活也；所谓欢乐者，好行礼也。女子于不快活时，不肯行礼——此事凡属阳性当知之。兹述阴性忧闷之原因及欢乐之时间如后：

阴性忧闷之原因，共计十五：（一）父母或丈夫太吝啬（女子天性好阔）；（二）在尊长之前，不能为所欲为，言所欲言，或在小辈之前受彼等过分之推重；（三）身患疾病，或惧患疾病；（四）与丈夫久隔，而乏当然之娱乐；（五）工作太忙或太重；（六）虐待，如鞭打等；（七）责骂；（八）受行为不规则之嫌疑；（九）因行为不规则，得到行将被罚之恫吓；（十）名誉被污；（十一）身体不洁，衣服破旧；（十二）贫穷；（十三）一切悲伤；（十四）丈夫乏力，不能为人；（十五）来爱者，全不注意时间及地点。

以下言欢乐。阴性欢乐之时间，共计十二：（一）散步或运动后，身体略觉疲倦之时；（二）丈夫久别归家之日；（三）产儿满月之后；（四）受孕后之最初一二月中；（五）闲荡而全无工作之时；（六）寒热病已愈之后；（七）

浮动嬉戏，而又自觉羞惭之时；（八）心中如醉如痴，异常愉快之时；（九）月事前一日或后一日；（十）闺女与情人初次“见礼”；（十一）春季；（十二）雷电狂雨之时，女子最易受阳性服制。

原载一九三九年五月十四日《晶报》

半公开自爱

佛国人卜业(Poullet)生于一七九一年，卒于一八六八年，著作多，发明亦多，医界之先进也。彼曾说一乡下人半公开式自爱之故事，兹转述于此：

帕得卡雷省之各村，凡遇嫁娶，莫不宴饮，莫不跳舞。最奇者，众宾客于跳舞之前，宴饮之后，莫不男女双双成对，退至密室中，将窗门关上，将帘子扯闭，阴息于阳膝之上，而相互用手求乐也。此种求乐之人，平时虽为未婚夫妻，彼此不得接近，此怪异之风俗也。

卜业又谓，女子所以自爱者，其原因有二：(一)性事不充，(二)不明爱术。是故少年之嫁老夫者、丈夫之常常投帖者、面貌丑陋全无摄力之妇人……皆实行此道者也。余曰，此事非独佛国然，他国亦必如是。

原载一九三九年五月十九日《晶报》

爱 带

人之皮肉，有易受感觉之区域，亦有不易受感觉之区域。易受感觉者，可简称之曰爱带（erotic zones）本篇言妇女之爱带如后：

爱带分四个部分：第一部分在人身之后半部，第二、三、四部分则在人身之前半部。第一部分，各曰“身背受激点”，包含头发边际、颈间、腰间、尻骨、屁股、大腿等处；此之处也，人类已不甚灵敏，唯兽则灵敏之至。不见夫冬季之犬乎？雄者踪身而上，口衔雌者之颈，前脚抱住腰际，后腿紧贴股间——此皆所以利用对方的爱带而刺激之也。上天造物，可谓无微不至矣！

余今继言第二、三、四各部分——此数部分不在后背而均在面前。第二部分，名日“孔道”，即耳、目、鼻、口也。第三部分，名曰“乳部”，即乳头与乳丘也。第四部分，名曰“阴部”，包括阴核、尿道口、阴道口、子宫颈及阴道顶。

第一部分，或以兽之爱称之；第二、三、四部分，非人不能，故为人之爱带也。

爱带者，受感觉之起点也，然激之不可过度，过度则生恶感。人类所应行者，轻轻一抚，或轻轻一吻而已。

原载一九三九年五月二十日《晶报》

“物擒”主义

“物擒”主义（vaginism）一名，音义并译，作“阴缩”解，女子之一种特别毛病，但非人人患之也。凡女子之患阴缩者，与男子之患阳萎者，其情形相似，前者不准人进门，后者不能进人之门，两者皆于有意为人之时，忽然不得为人，取不到为人之乐趣也。

本篇专言阴缩。阴缩有二种：（一）进之前先缩，（二）进入后始缩。进前紧缩者，任何器物不能入门；进后紧缩者，入门之后即被擒住。先缩之阴，倘遇暴强，则痛苦万分，而阳性亦不得自由行动，毫无兴趣；后缩之阴，阳性遇之则无法脱逃，而阴性亦自觉地位不广，难能忍受。先缩者不杀人，后缩者可杀人。

阴缩病有因生理而起者，亦有因心理而起者。因生理起者，包括：（一）户小，（二）膜病，（三）道浅，（四）肉炎等等。因心理起者，不外：（一）不悦对方，（二）不欲性交，（三）惧怕伟器，（四）惧怕受孕（或传染恶病）等等。两者皆可医治，一用手术，一用言辞。

吾国小说中言某处某姓寡妇再醮，新郎于首夕上台后，即狂呼救命，亲仆等闻之打门而入，见满床鲜血淋淋，器管已为新娘咬断矣。当时有称前夫作怪者，亦有骂新娘为妖物者。其实“物擒”主义之先开后缩者，起于心理者，医师皆知之，医书常言之，不足奇也。

原载一九三九年五月二十五日《晶报》

早熟之孩

凡年不满十岁，而已注意性器，且似有性欲者，谓之早熟之孩。性之冲动，应自发育而起；发育开始之期，男孩十四岁，女孩十二岁。身不发育而先有冲动，病乎？曰，非也，教养也。请阅下文。

男女孩童早熟之原因有四，简述之如下：

（一）旧家之子女。衰落人家之子女，或人才出众者之子女，其体力智力往往过度精细，与他家不同，而其性意亦启发特早。

（二）老人之子女。结婚时，夫在四十以上，妇在三十以上者，其子女之体格莫不细巧，而性之启发亦极早。

（三）独养儿女。无兄弟姐妹为伴者，犹孤鸟之在笼中也。虽前后左右呈有种种玩具，然终不及生人之力之可以消除孤寂也。此类独养儿女，最易自大，最易自叹，最易自己玩弄自己之器，而极早自己爱自己。

（四）环境不良。小孩常闻长辈闲谈者，或见平辈调笑者，莫不早熟。

孩儿之玩“做新娘娘”，儿戏也，不作早熟论。

早熟者，不一定无天才者也。欧洲意、英、法、德、俄五国，曾产生早熟而多才之人：（一）丹提[①]（Dante），即《神曲》之著者，九岁时意中已有一比德丽斯[②]（Beatrice）矣。《神曲》为不朽之作，其中之比德丽斯，亦文学中不朽之人物也。（二）拜仑（Byron），七岁时狂爱其表姐特福（Duff），不食不眠，口喃喃，专言其面貌之美、衣服之雅，其母恐其病也，每日为其代作“情书”一封，以安其心。（三）卢梭（Rousseau）亦于七岁时开始恋爱，彼所恋者，其保母兰白星（Lamberciens）也。（四）歌德（Goathe）于《歌诗与真理》中。（五）屠格涅夫（Turgenev）于《烟雾》中，均自述其早熟之年岁及详情。

原载一九三九年五月二十六日《晶报》

① 今通译但丁。

② 今通译比阿特丽斯。

器官两种

人身之器官，分隐藏者与现露者两种。隐藏者在身之内部，如心、肺、肾是也；现露者在身之外面，如耳、目、口是也。隐藏者，不必特别注意；现露者，应当特别注意。所谓注意者，即常常洗濯，使之清洁也。

隐藏之器官，可以“天然器官”称之；现露之器官，可以“文化器官”称之。天然器官，无法修补；文化器官，不可不随时整理也。文化者，整理而已。器官既文化矣，可不常常整理之、常常洗濯之乎？所以在野蛮时代，脸可不洗，发可不理；而在今日文明之世，吾辈非天天洗脸，天天刷牙不可……倘是女性，非常常烫发不可。女性有一器官，半内半外，半藏半露，介于天然与文化之间，即膣宝也。膣宝之可见部分，与目与口无别，亦文化器官，应随时注意之，洗濯之。其隐匿部分，即不易见到者，当为天然器官。天然器官，皆能自己清理、自己整理，不需人力为之助也；但因文明日进，妇女有做男子之工作者，或久坐，或久立，又因社会经济不稳，妇女有三十以上无娶之为妻者，亦有嫁后滥用药品以节制生育者，此皆足使膣宝炎肿多流，或发生他种疾病，非内部天生酸汁可以自治自疗也。故二十世纪女性之膣宝，全部应以文化器官视之。文化器官应随时整理之。

整理之法，名曰“渡洗”（douch），有专器，以用橡皮管者为最合宜（用玻璃代替者，危险，不宜用）。药品的高锰酸钾为最和平而有效果。买不到化学品者，可以明矾代之。渡洗每日一次（有重病者，不在此例）。

原载一九三九年五月二十九日《晶报》

阴阳之异

阴者与阳者,除性器外,尚有种种不同之点,兹说明之,如下:

阳性身长臂硬，肩阔臀狭；阴性反之，即身矮骨嫩，肩狭股阔也。阳性腹部短，大腿长，故捷于行路；阴性大腿短，腹部长，故便于怀孕。阳性直立，其左右两腿不密接，中有空隙；阴性直立，其左右两腿极密接，中乏空隙。阳性筋力强而脂肪不丰，阴性筋力不强而脂肪极丰。阳性发短而有须，阴性发长而无须。阳性之声宏，阴性之声尖，因发育时喉头之进展不同也。

再，阳性重智力而轻情志，阴性重感情而轻理论。阳性好权，万事取攻势；阴性好静，一切取守势。阳性苛虐，阴性和平。阳性主动，阴性被动……

本篇首段言阴阳性器不同，其实所不同者形式也。内部组织，即上天造人之基本计划可以完全相互对照：（一）阳萧与阴膣，一外向，一内隐，其质同也；（二）阳之摄护腺犹阴之子宫也；（三）阳之输精管，犹阴之输卵管也；（四）阳之双丸，犹阴之卵巢也。

原载一九三九年五月三十一日《晶报》

孕与节制

下面所述之十一条，受孕之基本事实也，借此可知生育、节制之不易矣。基本事实十一条如下：

（一）受胎者，收得阳精之结果也。阳精之原名为“生命原子（Sperm cell）”，一个原子，即能成胎。

（二）原子之体极微极细，好几十个能在引线（即针眼）中排队而过。倘有人能制造一玻璃球形之物，其大小与西文句末之圆点相等，则数百个生命原子尚能在其中自由游泳，一如数条金鱼之在磁盆中也。原子状同蝌蚪（以后借称蝌蚪，不称原子）。

（三）男子每次行房，其所发蝌蚪之数，总在二万万个以上。

（四）蝌蚪能自行动，其游泳之状一如鳗鱼，每一分钟前进约一批之三分之一。

（五）蝌蚪者，水栖（aquatic）动物也，有湿润、有暖热，则生存不死；在冷气中，或在体外之干皮肤上，则立时死亡。

（六）蝌蚪又为海洋动物，彼所需要之水质，非内含千分之一之盐性不可。吾人日用之水（如自来水），蝌蚪遇之无不立死，其毒较砒霜为甚。

（七）蝌蚪最喜碱性流质，最恨酸质，遇之即死。

（八）阴膣中之流质，多含酸性，故多力之蝌蚪趋而避之，不向外流出，而向子宫猛进也。

（九）子宫之口，西名“萼司”（os），常发一种碱性黏液，且内含一种特别气味，引蝌蚪深人，犹饵之诱鱼也。

（十）性交之后三四分钟，体健而进行敏捷之蝌蚪已进宫门，普通之人（即非医学专家）完全无法使之退出矣。

（十一）所谓受胎或怀孕者，发生于输卵管中。输卵管（fallopian tubes）一左一右，在子宫之两旁；受胎之管，非左即右，在左者右空，在右者左空，两管不能同时并用也。

细阅以上各条，可知求胎不易，而避孕亦极难也。

原载一九三九年六月十一日《晶报》

忧抑病

忧抑病，西名“害怕康嘉”（hypochondria）凡神经过敏，自以为因多交而身弱者，医师称之为“性交忧抑病”者，此类男女，世上不少，常见社会中有到处访求名医，或到处购办补品者，皆是也。医药界利用其心理，大登广告，大设诊所，因之而大发财源。其实，人之器官不论大小，不论上下，非活动不可；合度之使用，决无忽然损之伤之之理。臂如少年人每周两度，情也理也，标准也，正规也；强健者，三度四度并不过分。倘或多交而日久不倦，倘或交之翌日腹部安适、腿不瘫软、一切皆如从前；倘或每次相交，性力全不减欠，只知向前猛进，不知推三宕四，只知实行，不知谢却——若然，则五次或五次以上，亦决与身体无碍。但十分强健者，有时亦略觉缺乏，犹著名竞跑者之过分努力而偶感疲倦也，不得以患病视之。性力士遇类此之情形时，只要略事休息——吃得好些，睡得多些，拍拍乒乓，游游公园，不生烦恼，不转歪念，暂且等一等，不久就成功。苦水不必饮，丸片不必吞，文字美妙之卫生条例，亦不必细读而谨记之也。近来之人，好惹女性而又怕死，不是疾病，当作亏症；不是亏症，要打补针——既不明恋爱之术，又不懂生活之道，可笑可怜！虽然，世无此种人，药铺诊所，大半关闭矣。

原载一九三九年七月六日《晶报》

性学分年学程

今将德人最近主张之性育学程大意译出，如后：

第一学程（十三岁者适用）

此学程专为将发育之男孩、女孩而设也。全程包括：（一）动植物之性别，（二）人类性器之构造，（三）两性性器以外之特异，（四）孵化与授胎，（五）性成熟之情形，（六）性之冲动，（七）阳精、阴卵之构成。

第二学程（十七岁者适用）

（甲）男孩：性器冲动，手淫与节制，娼妓之害，花柳病之名称及危险，引诱，烈酒及受孕等等。

（乙）女孩：月经，性器之健康，性生活与身体之关系，职业，游艺，童贞，怀孕，打胎之危险，花柳病（十七岁至二十岁之女子最易传染）。

第三学程（二十一岁者适用）

本学程应以朋友间之会话式，随时讨论研究，不必以师生间之上课式正式训导也。

（甲）男人：娼妓简史及婚外性交之危，男子对于其伴侣之义务，避孕与避病，得传染病者其行为应如何，配偶问题及组织家庭等问题。

（乙）女人：婚外性交，女子所得危险之详论；受孕，打胎与避孕，性器之卫生，女子在法律上应享之权利，花柳病，婚姻问题。

第四学程（已订婚而未娶未嫁者适用）

性交及一切婚姻中之问题，两性间体力与心理之不同，初夜性交与一切性交之“艺术”与心理，生育之意义，不育之婚姻，多男多女之婚姻，父母与儿女之关系。

本学程中，女子所应注重者，尚有下列诸事：（一）男子之健康证明书，（二）初夜与蜜月，（三）性交之生理与心理，（四）性交之变化，（五）受孕及其认识，（六）避孕，（七）打胎之险，（八）母亲与子女之关系。

第五学程（孕妇适用）

第一次受孕之妇女，应知：怀孕时之卫生，分娩，看护婴孩等事。

第六学程（有子女者适用）

凡为父母者，其长子或长女年满十岁时，应攻研本学程。

本学程专论男女之发育及性智识与性教育。

原载一九三九年七月十三日《晶报》

一次已足

普通之人，无论阴性阳性，大概一次已足，不必二次三次而后心满也。但男子有初次射发后继续暴横者，亦有二次射发仍能坚强者。欧洲大战时，某德医在将死之士兵身上搜得一家信，内云：

> 上次——最后一次——我一共同你干了七回，倘然我回家，我一定要使你满意，继续不断地连干十一回，一分钟都不让你休息。

勇哉，此士兵也！惜为敌弹所伤，因而死亡，不能归家实行也。

平常男子所以一次已足者，何故乎？曰，旧元子既去，新元子非待十小时之休息，不能补满也。由此可知二次、三次者，非独分量不充，且兴味亦必不浓也。

此言男子也，至于妇女则不然，妇女之力无穷。西土娼妓每日接客有多至四十人者，虽心有烦恼，然未尝不能应付，世之男子能如是乎？

妇女之力较男子为大，但至强者，亦不过三次。娼妓接客虽多，无非敷衍了事，非真爱各人也。

余曰，此事不宜多，多者无兴趣，非独无兴趣，并且害身体。好大喜功者，慎之慎之。

原载一九三九年八月七日《晶报》

性与色盲

犯色盲者，男性多而女性少。色盲，红绿不别也，其他诸色皆知之。

色盲之人，各国都有，唯西土较多，吾国较少，然非绝对无有。昔南洋大学高材生某，课后与同级友数人散步，见指挥车辆之巡捕常扳动红绿电灯之机关，彼曰“此种举动、此种设备，实在徒劳无益。我看他扳来扳去，扳不出什么特别变化来，总是一个颜色！淡黄的”，此君实犯色盲者。犯色盲者，不可开汽车，亦不可骑脚踏车。

西医研究色盲，知其有遗传性，唯传男多而传女少，故西国男子千人中必有三十或四十人犯色盲者；女子一千人中，只一人或至多四人犯色盲也。

除色盲外，痴癫亦传男多而传女少，据医界之细心考察，痴癫之传与阳者，千分之二十一；传与阴性者，千分之九。

原载一九三九年八月二十四日《晶报》

自玩其具

自玩其具一事，系常以“自爱”二字称之，即俗所谓手淫也。昔有瑞士人名狄素德者，曾作一书(出版于一七六〇年)极言自爱之害。

其全书最足惊人语曰：“汝欲得下贱快乐时，倘想到死人干枯之白骨，则心生畏惧而自止矣。”下贱快乐四字，当然指手淫而言；下面“想到……枯……骨”一语，未免吓人太甚。当时读其书而自以为已到死期者，为数甚巨。受害最大者，法之福耳特耳、德之康德也。两哲皆天生体弱者，加以人工之玩弄，故早岁乏力，或不好异性，一见狄氏之作，遂深信不疑，从此不论真假，不敢“为人”。其实，狄氏所言，全非科学，劝人不自妄用，果然有功，但惊吓过分，毫无证明，亦未尝无罪也。犯手淫者未必皆死，犯之过度者，当然面黄、手抖、头昏、心慌，但趁早回头，康健亦易恢复，亦能娶妻生子。手淫一名，实不及“自爱”二字之佳，因犯之者，不只用手也；除手指外，有用器者，亦有用意者。用意者，全不动手，女子为多；用器者，几乎全属阴性。

女子因生理关系，最嗜用器。吾国荒传所言之黄瓜，与西国医师剖取之松球，皆事实也。但器极危险，万万不可试用。

女子用器之险，西土医师莫不知之，莫不言之。德国甘医师在医院中实行服务时，曾见一致命之症，即某女误将缝机之针插入尿道中是也。尿道与阴道不同，二而非一也。阴道颇似“穷巷”，尿道上通膀胱；针细而滑，一入尿道无不脱手，无不前进。某女之针已由尿道上达膀胱而入小腹矣；欲取出之，非剖腹不可，非用爱克司光线不可，手术之难，较取子弹为甚。

原载一九三九年十月九日《晶报》

“欲兴朋”

“欲兴朋”（译音），药名也，治乏力之病也。乏力，即不听话，犯之者有老年有少年。年少犯此者，因消耗过甚，全无储藏也；年老犯之者，因元阳已尽，不能振作也。余意既患此病，不论老少，总以不治为妙；治之，亦不过加上一鞭，自掘坟墓，自求速死而已。譬之马也，壮健者受轻轻一鞭，即能向前猛进，老弱者虽千鞭万鞭，只能加快几步。患乏力病者，或年高，或不然，皆衰弱之老马也。“欲兴朋”虽为特效药，然不足以治已经损伤之本，暂时刺激，无谓之至。“欲兴朋”，非洲产也，其质为树皮，现在已有人工造者，即化学品，其奏效相同，欲用之者，非经正式医师许可不可，药房决不随便出售。

余曰，物既干耗，事已全了，求医吃药，真是徒劳。故上智者摄生节欲，少时不虚消，老年愈强壮，不用“欲兴朋”，常常能武装。

原载一九三九年十月十五日《晶报》

六个决论

自天开地辟以来，凡属人类，或为富豪或为乞丐，或为文士或为白丁，莫不由微虫而成。微虫有两种力量：（一）自动，（二）成胎。自动者，自身向前进也；成胎者，阴卵接受之也。西方医师经过数百人数十年之研究，关于微虫之力量，已得下列之决论：

（一）在显微镜中所见微虫之活动，其强度与在宝道中时，不一定相等。

（二）不活动的微虫，不一定已死。

（三）自动者，非成胎之表示也。

（四）微虫先失其成胎之力，后失其自动之力。

（五）异常之微虫，其保持自动之力，较标准者久。

（六）成胎之力，不全赖自动之力；除自动外，尚有他种要因。所谓他种要因者，即射发之量、微虫之质、宝汁之性是也。

以上六个决论，采自德医师葛诺斯之名著。

原载一九三九年十月十六日《晶报》

月中行礼

月中行礼者，夫于其妻天癸至时与之性交，即俗所谓“入红门”是也。许多人民，以天癸为万分污浊之物，暗暗厌之，而许多宗教，又视行经之女为不洁之人，禁其与人交接，故在经期内，合体一事少而不多。但世间之大，必有不顾忌者；宗教虽严，必有敢犯禁者；月中行礼，绝非绝对无有也。

月中行礼，有利乎，抑有害耶？曰，二者皆有之。天癸于将临未临之时，将去未去之时，阴宝紧缩，男子御之，觉异常快乐——此利也；但紧缩则生痛，宝道受伤，既有天生之流又加破损之血，未免吃亏过甚——此害也。

经至之时，妇女觉头痛腹胀，脚酸膀软等病，倘于此时允从男子之请求而与之周旋，非独自己不安，并且不能使人尽乐。是故真正“病”之时，血流猛勇之日，理应节制，丈夫停工两三天，决无康健上之妨害。

有谓经水中含毒质，能致成男子尿道炎之症者，错误也，非科学也。唯曾患白浊之女子，且似痊愈者，往往于月事中带出余下之微虫，使对方成病，此不可不知也。

原载一九三九年十一月二日《晶报》

产后性交

产后性交，应在六个星期后开始，因妇人自受孕起至分娩止，其间如子宫之胀大等等，绝非于较短之时间内所能完全恢复原状也。忆英君称某风土记载真腊[①]妇人产后一二日即与其夫交合一事（见《晶报》本年十月十五日），此小说家之言，非生理也，万万不可相信。

真腊在往古，文化极低，几乎与边民无异。据余所知，边野之人，产后无不禁交，且直至小儿乳满始止，其期间或两足年或三足年不等。可知昔时真腊之为丈夫者，绝不敢犯“法”于一二日后即与其妻交媾也。复次，热饭抹盐塞入户内，痛不可耐，是欲使之发炎而成疾也，真女虽愚，必不为此。

耶教《圣经》中摩西所设之律云：“产男者，其身不洁四十一日；产女者，八十日。”男女有别，不知何意，想非医理也。现代医师，不论英法德意日，总称“六个星期”或“约四十天”后始可性交。吾国旧俗，百日后得性交，未免太长。

① 中南半岛古国，在今柬埔寨境内。

产后早交，最易造成半死半活、不死不活之病。三十年前，余同学某姓甚爱其妻，产时不肯分床，十日后即开始“周礼”，不料其妻得类似疯瘫之症，不能起床几乎三载，而同时脐穴放脓，其臭难闻……

原载一九三九年十一月十二日《晶报》

暖宫方

天下最不平之事，莫如生育。能孕者一触即成，不能者万冲无效；多孕者带佛国帽[①]，以求根治，不孕者用救苦丸，希冀得胎。但每打“佛帽”必有一漏气者，此制帽国家之法律也，用之等于不用。昔农夫某，每年得子，厌之，杜造鳝鱼皮为帽以为阻隔，不料次年其妻一胎两子，求少反而增多，夫妇二人弄得莫名其妙，后来细细一想，知鳝皮之上有眼孔二，用时未曾填补，生命元子进出之路既分为二，胎儿之数量应成双也。此虽笑话之极无根据者，亦足以见帽类之不常有效也。复次，救苦丸之广告多而且大，可见现代求子者之众。但此物甚新，医界尚无因此受孕之统计，且取价并不甚廉，当此生活程度日进之际，恐有力购此者尚属少数。

抗战国之人民，应注重生育。吾国今日凡可育而不育者，理当觅药为助。余在古书中发现一方，名曰“妇女种子暖宫丸”，药皆不贵，兹照录如后：

---

① 指避孕套。

海□一钱，吴茱萸一钱，上沉香五钱挫末，上桂肉一钱挫末，母丁香五钱，白芸香五钱，净杭矾一钱，朝□五钱，甘松五钱。

上药为细末，生蜜为丸，如白豆大。用时以手指送进阴道，等候片时，随即交媾一次，不可再动，其效如神。

余之医学智识全属欧西，中药性质并不知晓。上录之方不敢言其是否纯正，欲试之者，务必先与国医商酌。

原载一九三九年十一月二十八日《晶报》

女子性熟

女子性熟之表象，天癸也。其来其去，其时期之长短不一——或因种族而异，或因地带而异，或因生活而异，或因遗传而异，兹约略说明之如下：

少时迟于发育者，停止最早；反言之，少时发育早者，其停止较迟。一生不育者，月事早止；四十岁后始生育者，月事延长——此专指温带人民而言。至于有色种族及地中海一带之妇女，其天癸之来也早，而其去亦早。

依此可见天时地理与人事之密切，但遗传与生活亦与月事有关。女儿无不逼肖其母，母之时期长者，女似之；母之时期短，女亦然——此遗传也。小康之家，月事较长，贫穷之家，月事较短；资本家之妇女月事长，做苦工之妇女月事短——此生活也。

月事之期间，平均至少三十年，至多三十五年。妇女之百分之四十在四十六与五十岁间停止；百分之廿六，在四十一与四十五岁间停经；百分之三十五，在五十一与五十五岁间停经；其余百分之十九，则在四十岁前或在五十五岁后停经。过早过迟，非常道也，然亦不皆为病。

原载一九三九年十一月二十九日《晶报》

雌兽行经

凡意为人类有天癸而兽类无之者，误也。雌兽行经与人类相仿，其不同者色耳，兹略述兽经如下：

能生育者，不论人兽必有卵巢（子房）。成年之人随时能孕，故逐月产一卵。长足之兽，一岁一孕，故不月月行经。人经赤血淡血，兽经或血或汁；血与汁者，卵已离巢，未曾受孕之证。确已受孕者，不血不汁，偶或现之，病也。人类虽月月产卵，然不能月月成胎，故见其行经。兽类虽限期产卵，然往往依时成胎，故罕见其经。

世上丈夫有四五年不见其妻行经者：结婚适在经期已过之后，而花烛之夜妻即受孕，九个足月产一婴孩；又一个月，妻又得胎，第三、第四年亦复如是，难怪四五年内为丈夫者不知其妻有行经之本能也。人之不见兽经，亦犹是耳。

四足之兽，能行者而热血者，如羊、如牛、如犬与猫，无不行经，其色或赤或白，赤者血液，白者粘汁也。人之所以不之见者，一因不待外发而已受孕也，一因不必外发而能内消也。

或者问曰，兽经确有人见之否？曰，有。美国女医师达尔梅曾蓄一雌犬，监视严防，不许其接近阳性而受孕成胎。季后果然赤流外露，其色与人经相似。但兽经有红有白，有外发，有内消，不知何故，岂造化者有意弄巧乎？

原载一九四〇年一月五日《晶报》

阴性奇疾

女子确有达不到高潮，因而一生不知性乐者。多年之前，西洋某姓妇年二十五岁，结婚九月，非独不能受孕，并且莫明奇妙。延医师查察，知月经调和，血球无损，身体内外皆无病象，医师曰：“你的没有性意，恐怕因为丈夫有病的缘故罢。”

夫年二十九，娶妻时尚童身，婚前不嫖，且不手淫，经医师详细查察，知其亦无疾病。

后夫妇二人赴德，访性科专家何耐(译音)氏，求其诊断。经二次视察，察之后即知病在妻而不夫，而其病为子宫形小且后缩也。何医师每日用药又用电，用药激起意念也，用电暖和子宫也。一星期后，妇之意念特起，然仍不觉有何乐趣。某夕，招医师宴饮而告之曰：现在我果然有兴意了，但是仍旧没有乐趣，不知是什么道理？我的感觉是像要小便，而终不能……”何医师曰：“是了是了。我停停对你丈夫讲就是了。”

何医师告其丈夫者，即事前抚摸阴核一事是也。抚核实是古法。昔女王马利德赉萨（一七一七——一七八〇）性最冷淡，极难达到高度，结婚多年，全不孕育。后御医范瑞田谏曰："臣启禀，女王于实行大礼之前，其最神圣之户，可先激之，开之，为时愈久愈善。"后来德赉萨共产子女十一人。

原载一九四〇年一月十日《晶报》

正邪两道

性交者，正道也，常规也，倘不过度，绝无损伤。能损伤者，邪道也。

邪道有二：（一）手淫，（二）意淫。两者相较，意淫较手淫为害更甚。手淫因属单方面之事，随时随地可行，全无限制，但一经发泄，心身皆得安息。至于意淫，则终日雀跃，脑筋混乱，故受伤特甚。不见友人中之“心不在焉”者乎？与人谈话，非独答非所问，并且听而不闻。初犯之时睡梦中尚能射发，年深日久，只有思想而无行为矣。昔时之书呆子，于偷读《红楼》或《西厢》后，日夜想见黛玉莺莺而面黄咳嗽不已者，皆意淫之人也。

近人达尔梅（译音）医师，谓男有一种邪道，较意淫之为害尤烈，心理学家以“触淫”称之。触淫者，两性互戏，或吻或抚，或拥或抱，阳者坚立，阴者流溢，各不合作，以防播种，津津有味，久而不息。西方之公园树荫下，或私人游艇中，无日无之。其受伤也，全在性行之不完成。医院中有男子不患白浊而摄护腺发炎者，亦有妇女不犯手淫而子宫颈溃烂者，其病源全为触淫。

余曰，泥土专受雨点而无日光，而成浆；专受日光而无雨点，则破裂——此一定不易之理也。

原载一九四〇年一月二十六日《晶报》

意念与器具

意念之起，根于器具。器具不全，意念不生；器具既成，意念即兴。

温带之人，男子十四，女儿十二，大多成熟。成熟即器备念生之意。倘有速于此者，名曰早熟，变也。

早熟之变，有极奇者。美国达尔梅（译音）医师曾见一婴孩出生不过五日，而道中流露赤液，嗣后每四周必发一次；初以为其受伤也，后仔细考查，始知其为天癸。达医师又曾解剖年只一龄之女尸，而发现其子宫完备，一如成人；用显微镜察视，见囊中有卵，与20岁以上之少妇无异。

男孩亦有成熟极早者。达氏见一出生八天之婴孩，其具已能昂然不衰，且尺度与四五岁者相同。月前，古拜老人出示之小儿巨阳图，亦早熟之变之实证也。

器不全熟而略有意念者，世间更多。十六个月之男孩有自抚其具，乱动乱摇，带哭带笑，至一小时之久者。女孩自乐之期尤早，不满周岁者，已知紧夹双腿，闭目扼拳，每周一次，非至汗流满面不已也。

原载一九四〇年二月五日《晶报》

婴宫病

妇女之生理与男子不同，故自已全乏意念之时，亦能允人进退。下述之事，想阅者定必称奇：

少妇甲姓，年二十二岁，在订婚期内，对于其未婚夫之拥抚颇觉有味；及结婚后实行大礼时，虽无痛苦，亦无享受。夫康健，妇美貌，二人感情甚洽。经医师查验，知甲姓妇所患者，婴宫病也。

婴宫病，学术上专门名词也，即子宫微小，未曾发展之意。

患此病者，不获享受天趣也。但健全之妇，喜恋爱、能生育，亦有缺欲念者，请阅下述之事：

美国芝高阁[1]城乙姓妇，年二十八岁，已生健男健女两人，自八年前结婚至今绝不发生所谓性乐者，本年秋季往纽约城访求名医。某日，遇性病专家丙君，其夫曰："吾妻与我，互相忠实，感情亦洽；我在家时，彼喜与我亲近闲谈，但自结婚以来，彼未尝有乐，所以允我如此如此者，无非顺我而尽妇道而已，请先生细查，看彼有何疾病。"专家查察后，

① 今通译芝加哥。

直言告之曰：“尊夫人身体健全，生殖机构亦完全无损，我细查多时，一无所见，决知其无病也。”

原载一九四〇年三月二十七日《晶报》

《大模》典章

希伯来人（即犹太人）有一种典章，名曰《大模》（*Talmud*）者，禁止夫妇于每次月经后十二日内恢复性交，此令也。凡忠实犹民无不遵守之。据近代医学家云：多数妇女卵熟之期，总在月事后之第十日或第十三日；成胎者，阳精抵达阴卵也；卵成于巢（阴），精发自丸（阳），精不及卵、卵不得精，皆不成胎。犹民于第十三日始复性交，正得其时，暗合科学，故子息众多。

但事有不然者。犹妇甲姓，年三十，结婚已七载，身体健全，月期准确，唯不生育。本地妇科某医师多次为之刮子宫而无效果。

后夫妇两人往访名医傅氏。傅氏先查妇体，不见病象，再验夫液，亦合常规。夫告医师曰："我谨守教典，全无恶病。"

傅医师问曰："君所守者，何种教典耶？"

甲夫答曰："《大模》也。"

傅曰："我得之矣。君等倘欲得子，当暂时抛开《大模》典章中十二日后回复性交之戒。君等当于经后之第一日即行大礼。"

据云，甲妇下月果然怀孕，两年内连生二男。

由此可知，卵之成熟不一定在经后之第十日或第十三日也。上述之犹妇，其卵早熟，故十日之后已无活力，不能受精矣。但世既有早熟之卵，亦必有迟成之胎，所以经临前一日得胎，或在经期中得胎，皆不得以怪事视之。女子不论何日可以得胎，犹男子不论何日可以行房也。

原载一九四〇年四月十七日《晶报》

编后小记

金小明

民国时期著名的藏书家、编译家、散文家周越然（一八八五——九六二），在沉寂了半个多世纪以后，那些反映他在文化启蒙、传播、教育等方面事功与心迹的文字作品，日益受到人们的关注。作为上海沦陷时期一位具有社会影响的重要作家和不无争议的文化人物，周氏的集内、集外作品，更已进入了探寻者、研究者的视野。

周越然于中、西文化浸淫日久，撰述亦丰，不少文字在他生前未及汇订成集，曾使后人有“文字飘零谁为拾”之叹。系统、细致地搜集、挖掘、整理相关的材料和文本，仍然是一项不可或缺的基础性工作。为此，王稼句先生委托我将周氏的主要集外中文作品，分类编辑，汇辑成《修身小集》《文史杂录》《婚育续编》《风俗随谈》《旧籍丛话》数集，与修订重刊的《情性故事集》《性知性识》《书书书》《六十回忆》《版本与书籍》等，一并纳入他与陈子善先生共同主持编订的《周越然文集》梓行，力图对周氏佚文的整理工作，作一个阶段性的回顾。

《婚育续编》，蒐集作者于一九三三年至一九四〇年间发表在《晶报》上的性教育小品，共计二百四十篇。这些寓教于趣的海国瀛谈，与《情性故事集》《性知性识》（上海天马书店一九三六年七月初版）内容一致，赓续关联，大多取材于言言斋的西书庋藏，“或节译，或转述”，介绍异域的性风俗、性知识、性技术，旨在提倡健康的性爱、婚嫁观念，“造成和睦之夫妇，及安宁之家庭”（周氏上书自序语）。

民国时期，在科学、民主思潮的冲击下，围绕着性与人生的主题，周作人、潘光旦等积极译介性学名家蔼理士的著作，面向知识精英，阐发学理，倾力于新文化的建设工作；又有张竞生、周越然等，面向社会大众，大胆地讲述情性故事，因为不容易拿捏分寸，惊世骇俗，也招致了不少的非议。潘光旦先生当年曾说过：“社会与文化生活能导人于了解、尊重与欣赏性的现象与经验之域，性的教育才算到达了它的鹄的，否则还是片段、偏激的、畸形而不健全的。”（《性的教育》译序）周越然的这些引导性、建设性的译述工作，无疑有其独特的教育功用和社会价值。

在编订方面，编者对原版明显的笔误与印误，迳行改正，不另出校记；对原版排印漫漶不清者，以□标列；对原文所涉个别风习、俗语等，略附按语；对当年习用的标点符号、通假字及带有作者行文风格的语文现象，一般并不按现行标准求得统一，以保持历史原貌。文末均标明初版时间，以备考索。

2017年2月9日　于金陵心远斋

图书在版编目（CIP）数据

婚育续编 / 周越然著 . -- 哈尔滨 : 北方文艺出版社, 2017.7

（周越然作品系列）

ISBN 978-7-5317-3937-1

Ⅰ. ①婚… Ⅱ. ①周… Ⅲ. ①性别差异心理学 – 研究 Ⅳ. ① B844

中国版本图书馆 CIP 数据核字（2017）第 137213 号

婚育续编

Hunyu Xubian

作　者 / 周越然

策　划 / 陈子善　王稼句

编　者 / 金小明

责任编辑 / 宋玉成　张　喆

装帧设计 / 壹・书装

出版发行 / 北方文艺出版社

网　址 / www.bfwy.com

邮　编 / 150080

经　销 / 新华书店

地　址 / 黑龙江现代文化艺术产业园 D 栋 526 室

印　刷 / 北京诚信伟业印刷有限公司

开　本 / 850 × 1168　1/32

字　数 / 229 千

印　张 / 12.5

版　次 / 2017 年 7 月第 1 版

印　次 / 2017 年 7 月第 1 次印刷

书　号 / ISBN 978-7-5317-3937-1

定　价 / 46.80 元